学ぶ人は、
変えてゆく人だ。

目の前にある問題はもちろん、

人生の問いや、

社会の課題を自ら見つけ、

挑み続けるために、人は学ぶ。

「学び」で、

少しずつ世界は変えてゆける。

いつでも、どこでも、誰でも、

学ぶことができる世の中へ。

大学入試

わかっていそうで，わかっていない

生物の質問52

［生物基礎・生物］

伊藤和修 著

旺文社

はじめに

みなさんは，教科書や参考書を読んだり，問題を解いていて，「なんでなんだろう？」，「スゴイな，もっと詳しく知りたいな！」などと思うことはありませんか？　このような疑問や知的好奇心が湧いてくる瞬間が，学習のチャンスです。

せっかくの学習チャンスを逃してはもったいない！

そこで，本書では，**教科書の内容について「実はこうなっているんだよ！」という背景を説明**しました。また，**丸暗記しがちな計算公式について「こういう理由でこの公式が成立する」という裏付けを解説**しました。さらに，受験に関わるテーマに関連した**日常生活の中で湧いてくるふとした疑問，ノーベル賞の内容などについても，多く取り上げて説明**しました。

本書はかなり発展的な内容も含んでいます。本書を一生懸命読み進めることそのものが，読解力を要求される入試問題対策にもなります。また，多くのテーマについて実際に出題された入試問題も掲載したので，理解できたかどうかをすぐに確かめられます。

本書を読み進めれば，**「面白いなぁ！」**，**「すごいなぁ！」**と思って頂けること間違いなし！　そして，**「もっと知りたい！」**，**「もっと学びたい！」**という気持ちになること間違いなし！　**そういう気持ちをもって，日々，学習を進めれば，成績がグングン伸びることも間違いなしです！**

本書を通して，多くの受験生が生物学に興味をもち，楽しく生物を学んで理解を深めてくれることを願っています。

最後になりますが，本書の作製に多大なるご尽力を賜りました旺文社の小平雅子様にこの場を借りて御礼申し上げます。

駿台予備学校生物科講師

伊藤 和修

本書の特長と使い方

本書は，高校生物の学習であやふやにしがちな疑問を，本質を突いた解説でしっかりと解決できる参考書です。疑問は次の3つのタイプを取り上げました。

① **身近な疑問**：生物に関連した，日常生活の中で湧いてくるふとした疑問。

② **教科書についての疑問**：教科書の内容で，わかりにくい・説明が足りないところ。

③ **問題を解くための疑問**：丸暗記しがちな計算公式や解法，受験で出題されるグラフなど。

さらに，教科書には載っていない最新のテーマやノーベル賞を受賞した研究の内容などについても，多く取り上げて説明しました。本書は少し発展的な内容も含みますが，難関大学の入試で出題される可能性の高い最新テーマについて，きちんと学ぶことができます。多くの人が「わかっていそうで，実はよくわかっていない」事柄こそ，大学入試で問われやすく，差がつくポイントです。この本で，丸暗記から抜け出し，思考力を試される入試問題に立ち向う力をつけることができます。

本冊

まずはもくじ **質問一覧** ，または **質問のタイプ別一覧** を見てください。質問は「**わかっていそうで，実はよくわかっていない**」となりがちな事柄を，長年受験生の指導をしてきた先生が厳選したものです。「これはよくわからない……」という質問を見つけたら，その質問のページをめくり， **A 回答** を読みましょう。先生による核心を突いた解説があなたに深い理解をもたらし，得点力を高めてくれます。一方，「これはわかる！」と思った質問についても，本当に正しく理解できているか， **A 回答** を読んで確かめましょう。

質問の末尾には， **類題にチャレンジ** が掲載されている場合があります。これは， **A 回答** の内容を理解できたかを確かめるための問題ですから，回答を読み終えたらすぐに取り組みましょう。

別冊

類題にチャレンジ の解答と解説を掲載しています。解説をもとの質問と合わせて読むことで，さらに理解を深めることができます。

もくじ

※ 生基 …生物基礎, 生物 …生物, 生基・生物 …生物基礎・生物 の分野です。
※ ノ …ノーベル賞を受賞した研究の内容について取り上げています。

質問一覧

第0章 学習相談

第1章 生命の進化

第2章 生命現象と物質

第3章 遺伝情報，生殖と発生

第4章 生物の環境応答と調節

質問のタイプ別一覧

1 身近な疑問

2 教科書についての疑問

3 問題を解くための疑問

著者紹介

伊藤 和修（いとう ひとむ）

駿台予備学校生物科専任講師。主に西日本各地の校舎に出講しており，教材執筆や模試作成，駿台サテネット（映像講座）なども担当。派手な服を身にまとって行う授業は，「わかりやすさ」と「面白さ」の両立をモットーにしている。

『生物の良問問題集［生物基礎・生物］』，『共通テスト実戦対策問題集 生物基礎』（以上，旺文社），『日本一詳しい大学入試完全網羅 生物基礎・生物のすべて』（KADOKAWA），『体系生物』（教学社）など，著書多数。『全国大学入試問題正解生物』（旺文社）の解答解説の作成にも携わる。

STAFF
紙面デザイン：大貫としみ（ME TIME LLC）
本文イラスト：綿貫恵美
編集：小平雅子

質問 01　②教科書についての疑問　生物基礎・生物

横文字の生物用語を覚えるのが苦手なんです。

A 回答　その手の相談はよく受けるんですよ。ノートにひたすら「プロモーター，プロモーター，プロモーター……」って書いたり，妙な語呂合わせを作ったりして，それでは暗記がしんどいだろうなぁ〜っていつも思っています。

何か暗記法とか，コツはありますか？

わかりました。コツを紹介します！　ただし，当然，一定程度の努力を前提としますからね！　生物用語の暗記のコツは大きく次の３つです。

① 納得することによって記憶が定着する。
② 映像としてインプットすることで定着する。
③ 語源や英単語をフル活用して定着させる。

①や②は，生物の学習法のような抽象的な解説になってしまうので，ここでは③の語源を中心にお話しします。なお，「必ず語源で覚えろ！」という意味ではないので，気楽に読んでくださいね。「語源をちょっと意識したら少し覚えやすくなった♪」という程度で OK だと思います。

英単語を覚えるときと同じ感じなのかな？　楽しみです！

(1)　-in：「化学物質」

特にタンパク質を命名するときに，この接尾辞 **-in** を使うことが多いです。

フィブリン：**繊維状のタンパク質**で，-in の前に fiber がついたイメージ。

インスリン：**すい臓のランゲルハンス島から分泌されるホルモン**で，ラテン語の「島」を意味する insula が前についたイメージ。

クリスタリン：**眼の水晶体の細胞に多く存在するタンパク質**で，-in の前に crystal がついているイメージ。

ミオシン：**アクチンフィラメント上を動くモータータンパク質**です。ギリシャ語で「筋肉」を意味する myo- が前についたイメージ。**ミオグロビン**

のmyo-も同じ語源です。

ケラチン：**皮膚の角質層の細胞に多く含まれるタンパク質**です。ギリシャ語の「角」を意味するkera-が前についています。3本の角をもつ恐竜であるトリケラトプスと同じ語源です。

⑵ -some：「体，構造」

リボソーム：**タンパク質とrRNAからできた細胞小器官で，翻訳の場**ですね。内部にRNAが含まれているので，RNAを意味するribo-が前についています。「RNAを含む構造」ということです。

リソソーム：**加水分解酵素を含む細胞小器官**です。ギリシャ語の「分解，溶解」を意味するlyso-が前についています。汗などに含まれ，細菌の細胞壁を分解する**リゾチーム**も同じ語源です。

ヌクレオソーム：**ヒストンにDNAが巻き付いた構造**です。ラテン語の「核」を意味するnucleo-が前についています！　nucleo-＋-ide（化合物）で**ヌクレオチド**，DNAの正式名称は**デオキシリボ核酸**で，英語ではdeoxyribonucleic acidですね！

どうですか，面白いでしょ。参考までに**染色体**はchromosome，ギリシャ語の「色素」を意味するchromo-がついています。

「なるほど～」と思いながら覚えられるのでいいですね！

⑶ cyan-：「青」，rhodo-：「赤」，chloro-：「緑」

色にまつわる語源も知っておくと面白いです。まずは，青色を意味するcyanです。プリンターの青色インクのことをシアンなんて言ったりしますよね。ギリシャ語で「花」を意味するantho-が前についたら…

アントシアンですか!?

正解！「花の青色色素」という意味だね。アジサイとかムラサキツユクサなどの青色色素のイメージです。**アントシアンは，花や果実の細胞の液胞中に含まれ，pHによって赤～青に変化する色素**です。

さらに，**青緑色をしていて光合成をすることができる細菌**（bacteria）といえば…?

なるほど，シアノバクテリア！

ピンポ～ン！　**富栄養化**によってシアノバクテリアなどの藻類が湖沼で大発生することを**アオコ**(水の華)というよね。水面が青緑色になるからアオコだよ。

rhodo- は，ギリシャ語で「バラ，バラの色」という意味です。要するに赤色をしているということ！　**網膜の桿体細胞に含まれる視物質であるロドプシン**(rhodopsin)の語源だよ。

へぇ～，ロドプシンって赤いタンパク質なんですか？

そうなんです，ロドプシンは日本語では「視紅」というんですよ。

そして，緑色を意味する chloro- はわかるよね。**クロロフィル**の語源です。後ろにギリシャ語で「葉」を意味する -phyll がついています。少し発展ですが，黄色を意味する xantho- に -phyll が合わさって**キサントフィル**，黄色の色素です！

用語の丸暗記よりはるかに楽しいです♪

そう言ってもらえると嬉しいです。覚えにくい用語があれば，インターネットで語源を調べてみる習慣をつけると良いと思いますよ。

遺伝情報に関する用語も横文字が多いよね。しかし，この分野は20世紀以降の新しい学問ということもあって，ほとんどが英語そのままの用語なんです。だから，英単語の意味を考えるとイメージがつかめることが多いんだよ。

⑷　遺伝情報に関する用語

岡崎フラグメント：**岡崎令治**にちなんでつけられた**短いヌクレオチド鎖**で，fragment は「欠片，断片」という意味です。

リーディング鎖：DNA 複製の際に，**連続的にどんどん合成されていく新生鎖**。どんどん進むイメージから leading です。

ラギング鎖：DNA 複製の際に，**不連続に岡崎フラグメントどうしを連結しながら合成される新生鎖**。遅れながら進むイメージから lagging です。

プロモーター：**RNA ポリメラーゼが結合する部位**のことです。転写を促進するイメージから promote という単語ですね。

リプレッサー：**転写を抑制する調節タンパク質**で，日本語では抑制因子です。repress は「抑制する」という意味ですね。

アクチベーター：**転写を促進する調節タンパク質**で，日本語では活性化因子です。activate は「活性化する」という意味です。

確かに，英単語の意味を考えればわかりますね。

(5) 略号の暗記

略号は無機質に覚えると，絶対に混乱しますよ！　免疫に関わるタンパク質などは本当に大変。TCR，TLR，BCR，HLA…。

もう，グチャグチャです…。

こういう略号は，一旦ちゃんとした単語に戻してみると結構覚えやすいですよ！

例えば，**TCR は T cell receptor で，T 細胞が抗原提示を受ける際に用いる受容体**だよね。**TLR は toll-like receptor で，樹状細胞などの食細胞に存在し，病原体を認識する受容体**です。

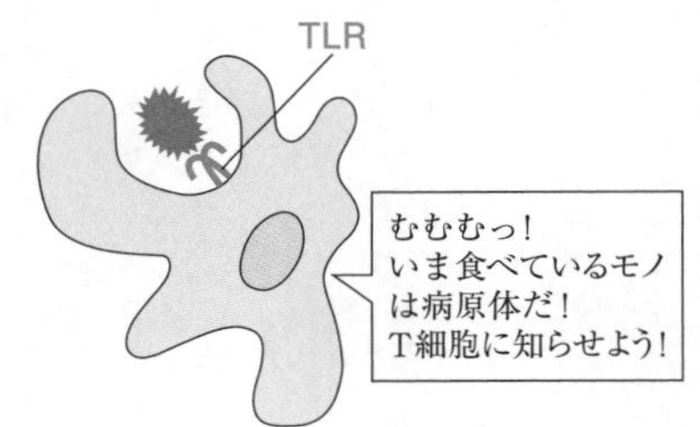

樹状細胞

ところで，環境問題で出てくる **BOD** は何の略だったかな？　BOD は，biochemical oxygen demand でしたね。水中の有機物を微生物の力によって分解するときにどれくらいの酸素が必要かという意味。**多くの有機物が溶けた汚い水ほど BOD が大きくなりますね**。では，神経分野の **EPSP** は？

ほら，伝達のアレです …，アレ！

EPSP は，excitatory postsynaptic potential の略で，日本語だと**興奮性シナプス後電位**ですよ！　そのまんまの和訳だよね。

このように，用語を覚えるときには興味をもって，色々と調べながら覚えれば忘れにくくなりますよ。

類題にチャレンジ 01

解答 → 別冊 p. 4

1 肝臓でつくられる血しょうタンパク質として適当なものを，次から１つ選べ。

① ビリルビン　② アルブミン
③ チロキシン　④ チューブリン

2 山中伸弥により作出された多能性をもつ幹細胞の名称を，次から１つ選べ。

① NK 細胞　② ES 細胞　③ iPS 細胞

3 有機窒素化合物を，次からすべて選べ。

① 硝酸イオン　② DNA　③ デオキシリボース
④ クエン酸　⑤ インスリン　⑥ アミラーゼ　（東北大）

4 微小管上を－端に向かって動くモータータンパク質を，次から１つ選べ。

① ダイニン　② キネシン　③ ミオシン
④ アクチン　⑤ ケラチン　⑥ チューブリン

質問 02 ③問題を解くための疑問 生物基礎・生物

論述問題対策では，何に気をつけたらいいですか？

A 回答 生物入試では，何といっても論述対策が大事になります。そして，論述問題に対して苦手意識をもっている受験生はとっても多いですよね。

もちろん，**論述のコツ**とか**論述の注意事項**はありますけど，論述問題だからといって特別な勉強法があるわけではありません。**内容をしっかりと理解して，採点者にちゃんと内容を伝えることができれば点数をもらえます。**「途中まではわかっているんだけど…」という場合であっても，**わかっている部分までを論理的に書くことができていれば部分点をもらえる**ことが多いです(注：絶対ではありません)。満点答案が作れていなくても部分点をもらえる，と考えると論述問題に対する嫌～な気持ちも少しは和らぎませんか？

そう言われれば，まぁ少しは…。

チンプンカンプンでサッパリわからないという問題でなければ，**まずは最低でも部分点を取りに行きましょう**。そして，なるべく満点に近づけるように試行錯誤していきましょう！

> **例題** マウスの２つある副腎の一方を除去すると，残された側の副腎が肥大する。このしくみを120字以内で説明せよ。なお，内分泌腺は刺激ホルモンにより刺激されると肥大する。

さぁ，この **例題** について考えてみましょう。まず，どんなことに気をつけますか？

120字の８割…，100字くらいは埋めたいなぁ～と。

う～ん，受験生にありがちな「字数を埋めたい病」ですね。論述問題で一番重要なことは字数を埋めることではなく，**「内容が正しいこと」**でしょ？

それは，そうですよね。

字数を埋めることより，**内容が正しいこと，論理矛盾がないこと，設問の要求に答えられていること**などの方が大事なんだから，**まず意識すべきことは内容**ですよ。

それでは，**解答例１**を見てみましょう。

> **解答例１** **副腎**が除去されると，**糖質コルチコイド**濃度が低下する。すると，これを感知した**間脳視床下部**からの**副腎皮質刺激ホルモン放出ホルモン**の分泌が増加する。そして，**脳下垂体前葉**からの**副腎皮質刺激ホルモン**の分泌も増加し，副腎皮質が刺激され，肥大する。(117字)

ふつうに満点になるような答案を書けば，結果的に指定された字数の９割程度になることが多いですけど，決して**字数を埋めることを目指したわけではない**ですよ！

ところで，副腎皮質刺激ホルモン放出ホルモンは，英語でCorticotropin-releasing hormone，略号はCRHです。副腎皮質刺激ホルモンは，英語でAdrenocorticotropic hormone，略号はACTHです。もちろん略号は知らなくていいんですが，仮に，この略号を使って，もうちょっと文章が短くなるように工夫して答案を作るとどうなるでしょうか。

> **解答例２** 視床下部は，副腎の除去による糖質コルチコイド濃度の低下を感知するとCRHの分泌を増加させる。そして，脳下垂体前葉からのACTHの分泌も増加し，副腎皮質が刺激され，肥大する。(86字)

内容は 解答例１ と完全に同じですね。

そうでしょ！　この答案って減点されると思う？「字数が足りないから，－２点！」なんてされますか？　入試というものは，学力がちゃんと備わっている受験生に得点を与え，学力の高い受験生を合格させるための試験なので，内容がパーフェクトならばもちろん満点です。

内容をしっかりと考えて，問題の要求に対してちゃんと論理的な文章で，採点者に伝わるように書くことが大事なんですね。

その通り！　これで「字数を埋めたい病」は克服できたね。
それでは，論述対策のコツをまとめておきますね。

- **内容が正しいか，文章に論理矛盾がないか，などが大事！**
  ➡ 無意味な文章で解答用紙を埋めても得点にはなりません。
- **まずは部分点の答案でもよいので，書いてみよう！**
  ➡ その上で，答案の質を高めて満点答案を目指しましょう。

類題にチャレンジ 02

解答 → 別冊 p. 5

ヒトでは塩分を過剰に摂取すると尿量が減少する。そのしくみを100字以内で説明せよ。

質問 03　③問題を解くための疑問　生物基礎・生物

考察問題対策はどうしたらいいですか？ 思考力と判断力が大事といわれたのですが…。

A 回答　「考察問題が苦手なんです…。」と，毎年多くの学生さんから相談されます。「よく考えよう！」，「じっくり考えよう！」というフワッとしたアドバイスや，「多くの問題を解こう！」というようなアドバイスをもらっても困りますよね。ここでは，いわゆる「考察問題」に対する基本的な取り組み方をコンパクトに説明します。

ちょっと次の例題(小学生レベル？)を考えてみてください。

例題１　次のような形の積み木を使って２階建ての家を作ってみましょう。なお，積み木はいっぱいあるし，２階建ての家であればどんな家でもOKですよ。

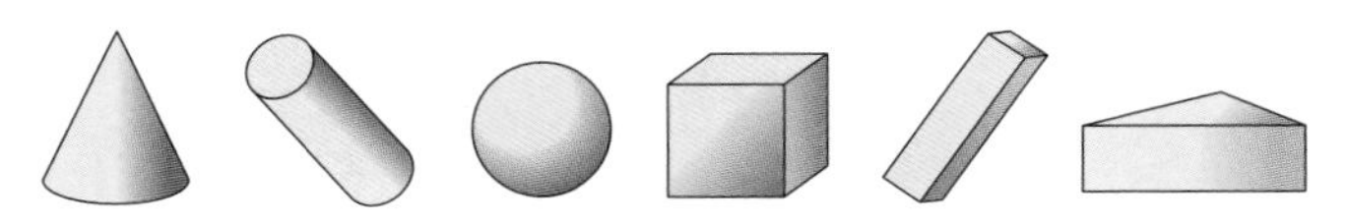

さすがに，それくらいのことはできます。

簡単な例題(?)ですが，無意識のうちに，次のような様々なことを「考察」したはずです。

① 球の上に積み木を乗せるのは無理だろう…。
② 円柱や円錐は転がらないような方向で使わなきゃ！
③ １階よりも２階の方が大きいと不安定になるな…。
④ 先に１階を作ろう！
⑤ 壁は幅の広い板を使った方が少ない枚数でできるかな…。

例えば，①と②は「ルールを守る」というレベルのことです。自由に考えて家を作るといっても，ルールがありますよね。**ルールは知らないといけないし，守らないといけないし…，ルールを上手に活用する必要があります。**

③～⑤は「コツ」というレベルです。その気になれば，２階の方が大きい家も作れるけれど，大変ですよね。**コツも知っておくべきだし，知っているコツ**

をどんどん役立てていくべきです。

つまり，**ルールを無視し，コツを軽視して自由奔放に思いを巡らすことは「考察」ではない**んです！　だから，考察問題を解いて復習するときには「どんなときにどんな方法で考えるのか」，「どういう作業をすると混乱しにくいか」というように，1つ1つの考察ステップを意識化していくことが大事です。

次に 例題2 を考えてみよう。

> **例題2** 物質Ｘを物質Ｙに変化させる酵素Ａのはたらきは，物質Ｐによって抑制されている。また，物質Ｐのはたらきを抑制する物質Ｑは，温度が上昇すると分解されることが知られている。
>
> **問**　温度が低下した際に，物質Ｙの量は増加するか減少するか。

なんとダルい問題なんでしょうか…。

何となく考えてみても混乱すること間違いなしだね。**ちょっと複雑だと思ったら図を描きながら考えてみよう！**　酵素Ａのはたらきを物質Ｐが抑制するんだよね。

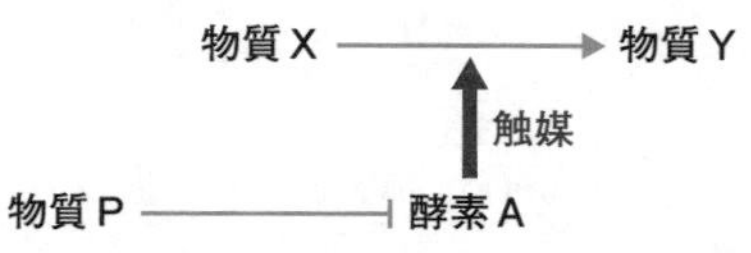

自分なりにメモのルールを作っておくといいですよ。ここでは，──┤は抑制の記号，──▶は促進の記号です。

確かに，図にすればスッキリわかります！

ある程度の数，問題数をこなしていけば気づくかもしれないんだけど，**抑制とか阻害が入ったメカニズムって理解しにくい**んです。そのことを自覚することが大事ですよ。 例題2 では，酵素Ａのはたらきを抑制する物質Ｐのはたらきを抑制する物質Ｑ ･･･ となっていて，抑制が２つ重なったしくみです。そりゃあ，読みにくいに決まっていますよ。

例えば「窓を開けて！」は簡単，「窓を閉めるのをやめて！」も大丈夫，「窓を開けるのをやめるように注意するのはダメ！」となると…？

結局，窓は開けるんですね，ややこしい！

抑制や阻害が出てきたら，その部分に特に注意しながら読むことがコツなんです。それでは，物質Qも含めて図にしてみましょう。

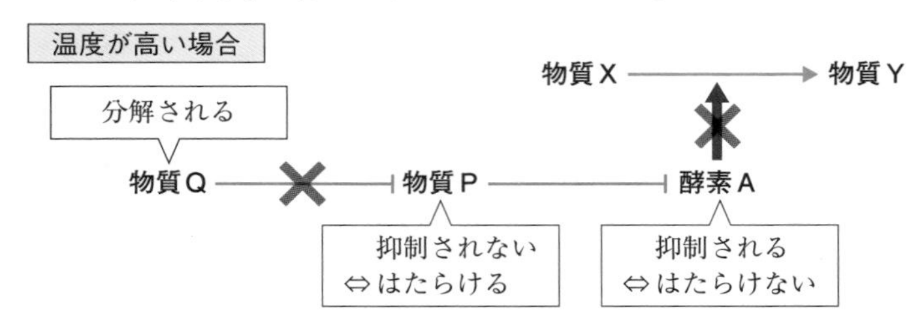

温度が高い場合，物質Qが分解されるので，物質Pが抑制を受けません。よって，酵素Aのはたらきが抑制され，物質Yはつくれなくなります。このしくみを**裏返してみましょう**。

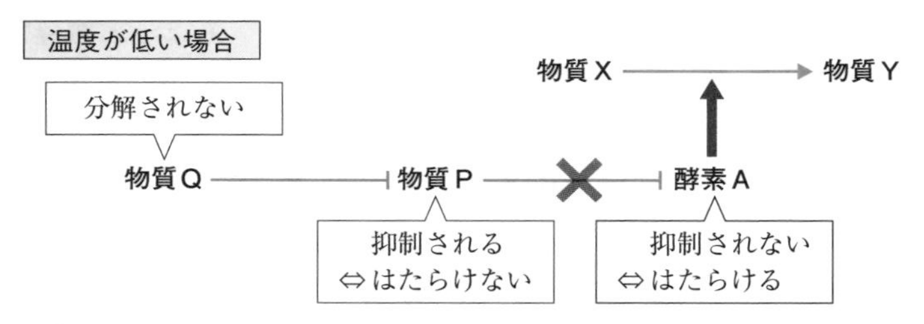

温度が低い場合は，上図のように酵素Aが抑制を受けなくなるので，物質Yをつくることができます。だから，温度が低下すれば物質Yの量は増加しますね。

こうやって説明されると簡単なんですよね。

この作業を自分の力でできるようにする必要があります！　だから，1つ1つの作業を意識化して，次に同じような場面に出くわしたときに使えるようにしたいよね。 **例題2** では，

・ややこしい場合は図を描こう！

・抑制や阻害に特に注意して読もう！

・与えられた情報を裏返してみよう！

などのルール，コツ，技術を使って解いてみました。

考察問題とか思考力なんて言われると何をしていいかわからなくなるけど，**多くの作業をスムーズに行えるように日々訓練する**ことが大事なんだよ。

それでは，次の「類題にチャレンジ」に挑戦してください！

類題にチャレンジ 03

解答 → 別冊 p. 5

1　センチュウの受精卵は2回の卵割をした後，下の図1のように，姉妹割球A1およびA2と姉妹割球B1およびB2とから構成される4細胞期胚になる。このうち割球B1のみが，下の図2のように，卵形成時に卵内に蓄えられるタンパク質のはたらきによって，後に咽頭と腸に分化する細胞を生み出す能力(以後，分化能Mと呼ぶ)をもつようになる。この発生運命の決定のしくみを調べるため，分化能Mをもつ割球の数が異常になる突然変異体xおよびyを用いて，下の実験1・実験2を行った。なお，突然変異体xではタンパク質Xが，突然変異体yではタンパク質Yが存在しないものとする。

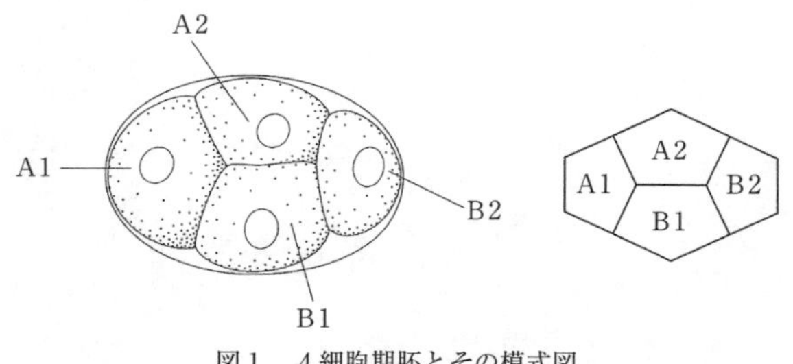

図1　4細胞期胚とその模式図

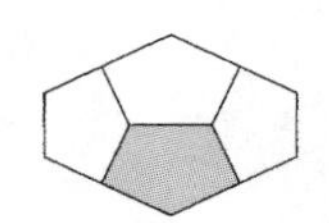
野生型
図2　分化能Mをもつ割球(灰色部)

実験1：突然変異体xおよびyにおいて，分化能Mをもつ割球を調べたところ，下の図3の結果が得られた。

実験2：野生型において，タンパク質XおよびYの分布を調べたところ，下の図4の結果が得られた。

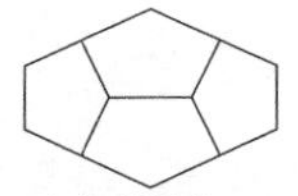
突然変異体x

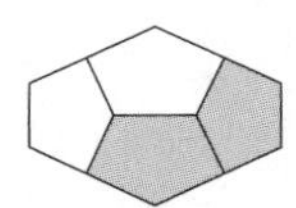
突然変異体y

図3　分化能Mをもつ割球(灰色部)

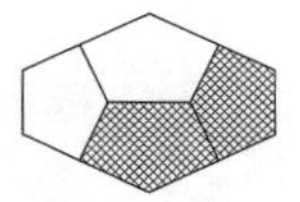
タンパク質X

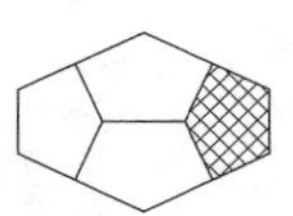
タンパク質Y

図4　各タンパク質が検出された割球(網かけ部)

問　実験１・実験２の結果から導かれる考察として適当なものを，次の①〜⑥のうちから２つ選べ。

①　タンパク質Ｘは，分化能Ｍをもつために必要である。
②　タンパク質Ｙは，分化能Ｍをもつために必要である。
③　タンパク質Ｘとタンパク質Ｙが共存することが，分化能Ｍをもつために必要である。
④　タンパク質Ｘの蓄積は，タンパク質Ｙのはたらきによって促進される。
⑤　タンパク質Ｙは，タンパク質Ｘのはたらきを抑制する。
⑥　タンパク質Ｙの分解は，タンパク質Ｘのはたらきによって促進される。

（センター試験）

2　両生類の外胚葉は細胞間に存在するBMPにより神経への分化が抑制され，表皮に分化する。神経誘導において，形成体からの誘導物質はBMPに対してどのようなはたらきをすると考えられるか，簡潔に説明せよ。

質問 04 ③問題を解くための疑問 生物基礎・生物

「片対数グラフ」って何ですか？

A 回答 **片対数グラフは，一方の軸（←通常は縦軸）が対数目盛りになっているグラフ**です。対数目盛りとは，目盛りの値が1，10，100…のように指数関数で増えていく目盛りのことです。一般的な10，20，30…と一定の値ごとに増えていく目盛りは算術目盛りといいます。片対数グラフは指数関数的に変化するデータをグラフにする際などに非常に有用で，生物学でもよく使う重要なものです！

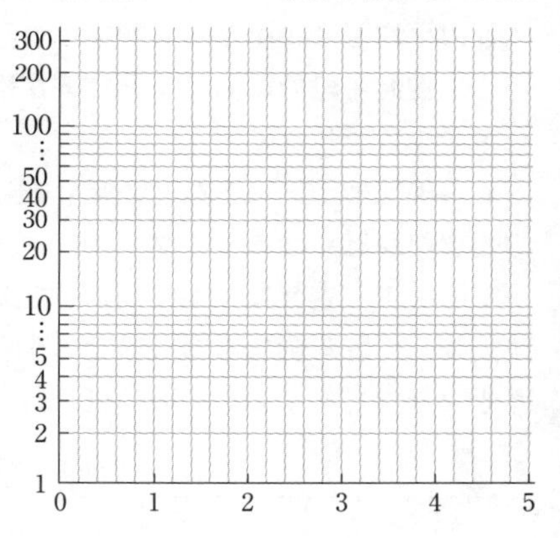

右図は片対数グラフのグラフ用紙です。縦軸の1と10の間隔，10と100の間隔が等しいでしょ。

それでは，このグラフに $y=2^x$ のグラフを描いてみましょう。そうですね…，1個の細胞が1日1回のペースで分裂を繰り返した場合のグラフだと思えばよいでしょう。

1日後が2個，2日後が4個……，あっ!!

気づきましたね。**片対数グラフでは指数関数が直線になる**んです！これはテンションが上がりますよね。では，勢いに乗って　$y=200\times0.5^x$　はどうでしょうか。200匹いた生物が毎月50％ずつ死んでしまうというイメージ（涙）のグラフですね。ほら，やっぱり直線になるでしょ！

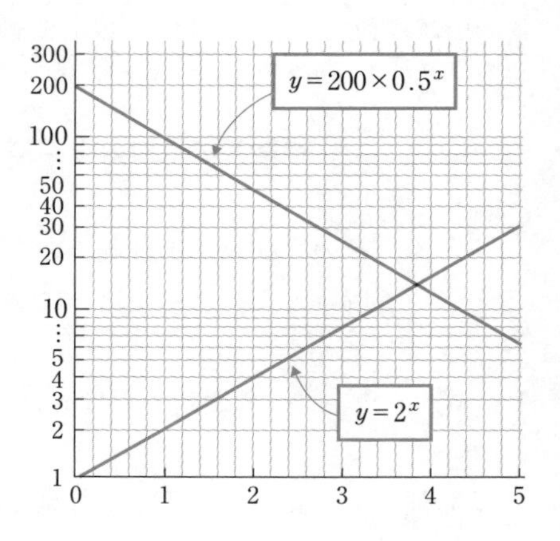

ところで，片対数グラフって教科書のどこで登場したか覚えているかな？

もしかして，生存曲線 !?

その通りです。右図は典型的な生存曲線を表したものです。

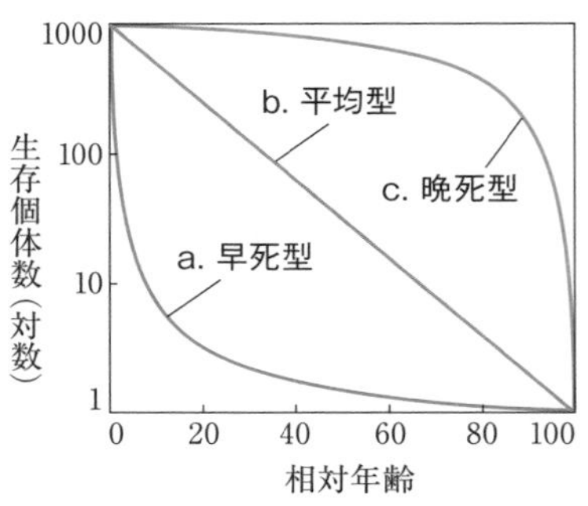

a の早死型は，魚類のように産卵数(産子数)が多い動物にみられ，**初期の死亡率が非常に高い**タイプです。

b の平均型は，**小型の鳥類やは虫類**に多く，**各発育段階における死亡率がほぼ一定**になるタイプです。

c の晩死型は，**ヒトなどの哺乳類**に多く，**親の保護を受けるので，発育初期の死亡率が低くなる**タイプです。

下の表１と表２は，ある動物ＸとＹについて，新たに生まれた1000個体を追跡調査して各年齢になる段階での生存個体数をまとめた表で，**生命表**と呼ばれます。動物ＸとＹの生存曲線はそれぞれどの型になると思いますか？

表１　動物Ｘの生命表

年　齢	0	1	2	3	4	5	6	7	8	9	10
生存個体数	1000	498	250	124	62	30	16	7	4	2	1

表２　動物Ｙの生命表

年　齢	0	1	2	3	4	5	6	7	8
生存個体数	1000	874	749	625	499	377	248	126	1

動物Ｘが最初の１年で約500個体も死んでいるので…

う～ん，そのアプローチは危ない！　まず，平均型になるかどうかを吟味すると上手く解けるよ。どんな場合に平均型になるんだっけ？

死亡数…，じゃなくて，死亡率が一定の場合です。

その通り！　動物Ｘの死亡率を見てみると，年齢０で約50％，年齢１でも約50％，年齢２でも約50％ ･･･ となっていて，**死亡率がずっと約50％なので，**

これは平均型になると考えられます。

次に動物Yの死亡率を見てみましょう。年齢0での死亡率は約13%です。年齢1での死亡率は $\frac{874-749}{874}\times 100 \fallingdotseq 14\%$ です。同様に死亡率を求めていくと，年齢6での死亡率は $\frac{248-126}{248}\times 100 \fallingdotseq 49\%$，年齢7では $\frac{126-1}{126}\times 100 \fallingdotseq 99\%$ です！　**老齢になるほどに死亡率が高まっている**ことがわかるので，**動物Yは晩死型**になることがわかります。

他にも，教科書に片対数グラフって載っていますか？

そうですね，例えば右のグラフ。有名な**体液性免疫**の**二次応答**についてのグラフだね。縦軸が対数目盛りになっているでしょ。このグラフの縦軸が算術目盛りだったら…，

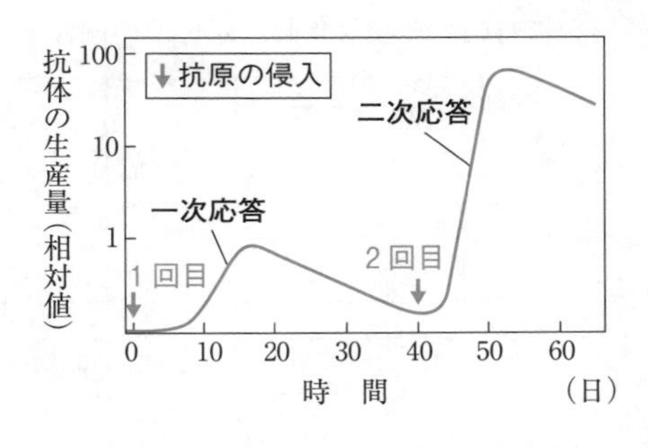

一次応答の抗体生産量なんて，見えなくなります！

そうですね，もしくは，ものすごく縦に長〜いグラフを作るか(笑)。

このように，**2桁も3桁も桁が違うようなデータをグラフにする場合には，対数目盛りを使った方が見やすいグラフになります**。

横軸が対数目盛りになっていてちょっとイレギュラーですが，**オーキシン**の最適濃度についての右図も片対数グラフです。根の最適濃度と茎の最適濃度はどれくらい違いますか？

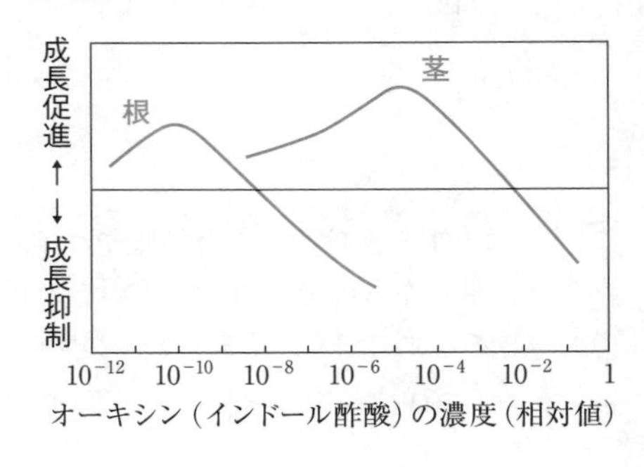

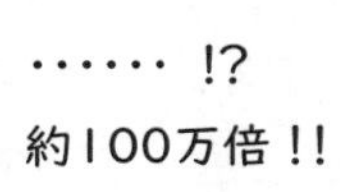

正解！　ものすごい差でしょ。これもやはり横軸を算術目盛りにしたら見にくくてしかたないですね。

類題にチャレンジ 04

解答 → 別冊 p. 6

1 生存曲線の形状は，動物の生活のしかたにより，３つの型に大別される。図１のＡ～Ｃはその３つの型を示したものである。

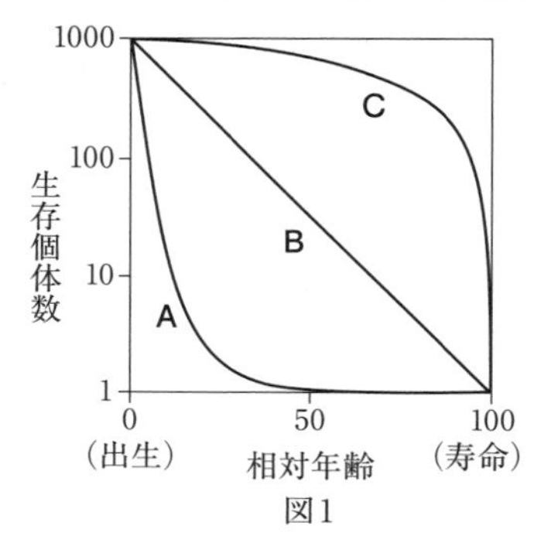

図１

問１　生存曲線が図１のＡ～Ｃの型に分類される動物を，それぞれ２つずつ選べ。

① ニホンザル　② マンボウ
③ シジュウカラ　④ マイワシ
⑤ ニホントカゲ　⑥ ヒト

問２　図２の①～⑥は相対年齢と死亡率の関係を表したものである。図１のＡ～Ｃの生存曲線に対応する相対年齢と死亡率の関係を，それぞれ１つずつ選べ。

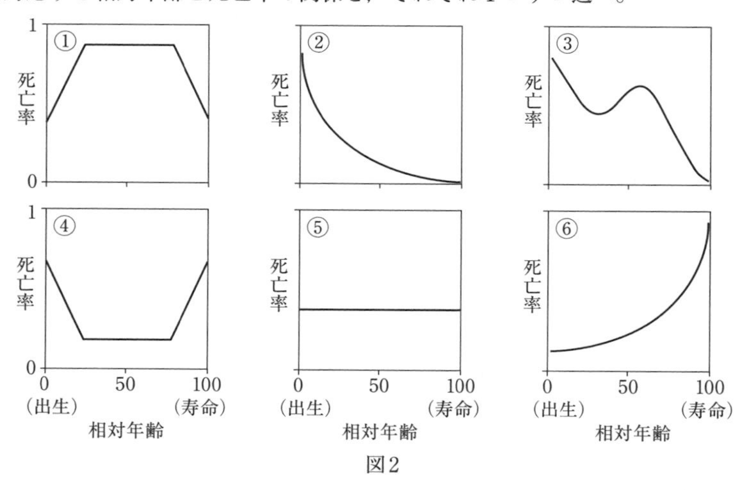

図２

（東京海洋大）

2 下図の①～⑧は，様々な細胞やウイルス，分子などのおよその大きさを対数目盛り上に示したものである。ヒトの赤血球，カエルの卵，インフルエンザウイルスの大きさを示す矢印を，それぞれ１つずつ選べ。

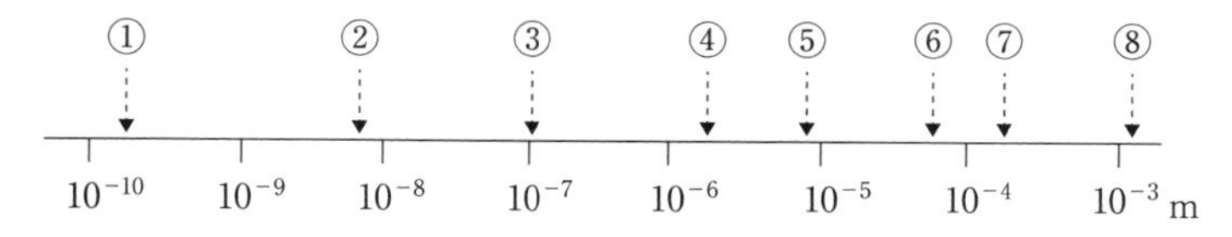

（金沢医大）

質問 05　②教科書についての疑問　生物

「石炭紀」は，なぜ「石炭紀」という名前なんですか？

A 回答　**カンブリア紀**，**オルドビス紀**，…，**石炭紀**と，突然日本語の名称が出てきて，不思議に思ったのでしょうか。

「紀」の名称は，その地層が発見された場所の地名や，その場所にちなんだ名称がつけられるのが一般的です。産業革命により石炭の調査が進められた過程で，数々の地層が発見されて命名されていくなか，**石炭を多く含む地層が形成された石炭紀**が最初に命名されました。地名などではなく，**「石炭の調査における目標となる地層が形成された時代」ということで，石炭紀**となりました。

なるほど，石炭のための調査に関係して命名されたんですね！

石炭紀はどんな時代だったでしょうか？

「シダ植物が繁栄した時代」と習いました。

その通りです。せっかくですから，もう少し詳しく学んでみましょう！

石炭紀は古生代のデボン紀とペルム紀の間の時代で，約3.6億年前〜約3.0億年前の時代です。**動物では両生類や昆虫が繁栄し，は虫類が出現した**のも石炭紀ですね。

石炭紀の序盤は，二酸化炭素濃度が高く，温室効果によって温暖で，植物にとってはまさにパラダイスのような環境だったといえます。また，陸上にシダ植物を食べる動物が少なかったこともあり，**世界中でシダ植物の大森林が形成されたん**です。

確かに，水辺から離れた場所に生育する植物を両生類が食べに行くことはできませんもんね！

大繁栄したシダ植物の光合成によって，酸素がドンドン放出された結果，石炭紀の終盤，酸素濃度は30％を超えていたそうです（現在は約21％）。そんな時代に，森林の中で繁栄した動物が昆虫です。翅をもち飛翔できる昆虫が現れ，

種類も増え，大型化していったようです。教科書にも化石の写真が載っていますが，翅を広げると 80cm にもなるトンボとか，体長が 10cm にもなるゴキ●リとかがいたそうです！

体長 10cm のゴ●ブリですか…。無理です…。

僕も正直，ゴキブ●は嫌いなので，話題を変えましょう。

石炭紀には，樹木の細胞壁を構成するリグニンを分解できる分解者が少なかったため，木生シダ植物の枯死体が分解されにくかったようです。つまり，シダ植物がどんどん二酸化炭素を吸収する一方，シダ植物の枯死体は分解されにくく，結果として，大気中の二酸化炭素濃度が下がっていきました。これが原因となって地球が寒冷化していったんです。

繁栄したシダ植物が石炭になったんですか？

そうなんです！　石炭は，シダ植物の枯死体が地下の熱や圧力によって炭化したものです。藻類などは分解されやすく，地中に残りにくいので，石炭にはなりにくいんですね。

石炭ができる過程で重要となるのが，**湿地**です。湿地では，シダ植物の枯死体が分解される前に速やかに地中に埋もれることができるし，地中は酸素がほとんどなく，その後も分解されにくいんです！　すると，枯死体は泥炭(ある程度分解され，炭化が進みつつある状態のもの)になり，さらに地中深くに埋もれ続けることで石炭になるんです。

湿地って重要なんですね。

そうですね！　現在の地球にある湿地には，合計すると１兆トンを超える炭素が泥炭として溜め込まれているとされています。よって，**湿地の保全は大気中の二酸化炭素濃度を上昇させないためにも重要**です。湿地がふつうの陸地になったら，分解者による分解が活発になってしまいますからね。

石炭紀からペルム紀へはどうやって進むんですか？
やはり，大量絶滅でしょうか？

オルドビス紀末，ペルム紀末，白亜紀末のように，大量絶滅によって地質時代が切り替わることは多いですね。しかし，石炭紀末は大量絶滅というほどの絶滅は起きていません(もちろん，多くの種が絶滅してはいますが…)。

石炭紀の後半，地球が寒冷化していったことはすでに説明しましたね。さらに石炭紀の終盤，約３億年前から複数の大陸が集まってパンゲア大陸が形成され始めました。

小学校で，ウェゲナーの大陸移動説を学びました！

そうそう，それです！　大きな大陸が形成されると，内陸部は乾燥し，砂漠が広がってしまいます。また，大陸の一部が南極圏に移動し，氷床が形成されたことで寒冷化が加速しました。この乾燥化と寒冷化により森林が減少していきました。

乾燥化が起きると，両生類はシンドイですね。徐々に，は虫類が勢力を拡大していきました。**は虫類は体表をウロコで覆われていて水辺を離れて生活できるし，卵殻のある卵を産んで胚膜内で発生するので乾燥に強い**ですよね。植物でも，受精に水を必要としない裸子植物が勢力を拡大していきました。

このように，植物についても動物についても繁栄しているグループが大きく変化していき，ペルム紀へと移っていきました。**ペルム紀といえば，その最後，約2.5億年前に地球の歴史上最大の大量絶滅が起きたことが有名**ですね。地球上の全生物の90％以上が絶滅したと考えられています。そして，古生代が終わるわけです！

類題にチャレンジ 05

解答 → 別冊 p. 7

1　次の地質時代を，年代の古いものから順に並べ替えよ。

①　ジュラ紀　　②　石炭紀　　③　デボン紀
④　ペルム紀　　⑤　第四紀　　⑥　シルル紀

2　石炭紀に起こった出来事について，誤っているものを次から１つ選べ。

①　クックソニアのような植物が出現した。
②　パンゲア超大陸が存在していた。
③　は虫類が出現した。
④　ロボクやリンボクなどの木生シダが繁栄した。
⑤　この時期には，すでに昆虫が存在していた。　　(香川大・創価大)

③問題を解くための疑問　生物

自由交配の結果が「式の展開」で求められるのはなぜですか？

A 回答　まず，公式を確認しましょう。ある対立遺伝子 A と a について，集団における遺伝子頻度(遺伝子の存在する割合)をそれぞれ p と q とします。ただし，**遺伝子頻度の総和は1にする**のがお約束なので，$p+q=1$ です。

この集団で自由交配をして生じる次世代は，$(pA+qa)^2=p^2AA+2pqAa+q^2aa$ となり，次世代の遺伝子型 AA，Aa，aa の頻度はそれぞれ p^2，$2pq$，q^2 となります。

では，質問に答えていきますね！　自由交配は英語で random mating，集団内のどの雄とどの雌が交配するかがランダムに決まる交配です。下図の集団(親世代となる集団)をイメージしながら考えていきましょうね。

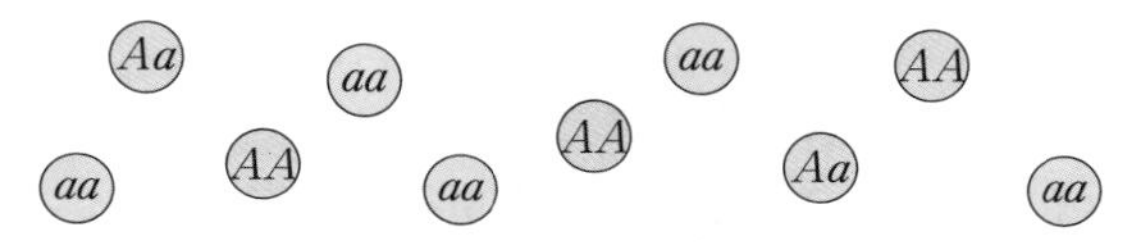

この10個体の集団を「遺伝子20個の集団」と考えてみましょう。集団を遺伝子の集合とみなした場合の**集団の遺伝子全体のことを遺伝子プールといいます**。上図の遺伝子プールには A が8個，a が12個あるので，遺伝子 A と a の頻度はそれぞれ0.40と0.60です。

この集団内で自由交配をするということは，**集団全体でつくった配偶子のうちの，どれとどれが受精するかはランダムである**ということです。そうすると，計算上は下図のように雄全体の配偶子と雌全体の配偶子をバケツの中でグシャ～っと混ぜて受精させたのと同じ結果になります。

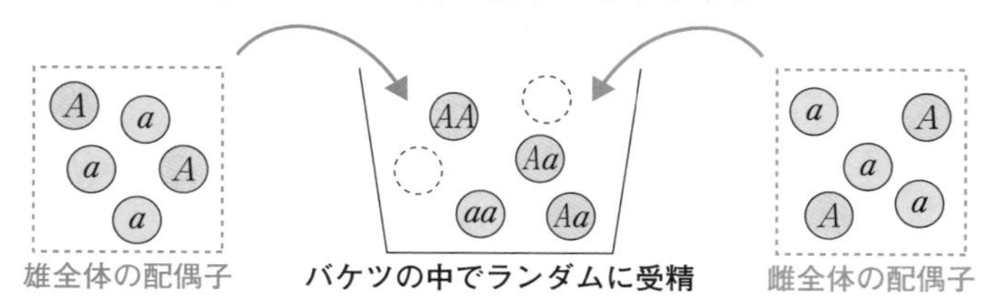

**確かに，このバケツの中では
ランダムな組合せで受精しますね！**

では，このバケツの中で AA の受精卵がつくられる確率は？

0.4×0.4＝0.16 ですね。

正解！　では，遺伝子型が Aa の受精卵がつくられる確率は？

A の精子と a の卵の組合せと，a の精子と A の卵の組合せがあるので，2×0.4×0.6＝0.48 です。

絶好調ですね♪　同様に，aa の受精卵がつくられる確率は，0.6×0.6＝0.36 となります。この計算を機械的にやってしまうのが，先ほどの公式です！

$$(0.4A+0.6a)^2=0.16AA+0.48Aa+0.36aa$$

ほら！　右辺を見てごらん！　AA の係数が AA の個体の頻度の0.16，Aa の係数が Aa の個体の頻度の0.48，aa の係数が aa の個体の頻度の0.36でしょ。

ランダムな交配だから，こんなに単純な計算で OK なんですね。

そういうことです。進化の分野で学ぶ**ハーディ・ワインベルグの法則**を覚えていますか？　ハーディ・ワインベルグの法則が成立するためには次の5つの条件があり，**このすべてが成立している集団は「遺伝子頻度や遺伝子型頻度の変化しない自由交配を繰り返す集団」になる**んですね。

ハーディ・ワインベルグの法則が成立するための条件

① きわめて多数の個体からなる。
② 個体によって生存力や繁殖力に差がない。
③ すべての個体がランダムに交配して子孫を残す。
④ 集団内では突然変異が起こらない。
⑤ 他の集団との間で，個体の移出入が起こらない。

この5条件が成立している集団では，すべての遺伝子型の頻度がわかっていなくても遺伝子頻度を求めることが可能となります。

ちょっと，どういうことか…？　難しいです。

ですよね～！　これについても具体例を用いて解説していきます。次の問題を一緒に考えてみましょう！

例題 ハーディ・ワインベルグの法則が成立している集団において，遺伝子 $B(b)$ について，劣性形質の個体 (bb) が 9 ％存在していた。この集団における遺伝子 B の頻度を求めよ。

いやいや，劣性形質だけ教えられても!!

そう思うでしょ。でも，この集団は自由交配を繰り返している集団なので，**遺伝子 B と b の頻度をそれぞれ p と q（ただし，$p+q=1$）とおくと，bb の個体の頻度は q^2 になる**よね？

この問題の条件だと，$q^2=0.09$ という関係が成立することになり，$q=0.3$ です。すると，$p=1-q=0.7$ ですね。ほら，求まった！

すご〜い！　この集団の Bb の個体の頻度は0.42，BB の個体の頻度は0.49と求められますね！

類題にチャレンジ 

解答 → 別冊 p. 7

1 ある交配可能な集団における，1 組の対立遺伝子 $(A,\ a)$ の遺伝子型の割合は，$AA:Aa:aa=9:6:5$ であった。この集団が自由交配をして生じる次世代の集団における各遺伝子型の頻度を求めよ。ただし，集団は充分に大きく，突然変異が起こらず，個体による生存力や繁殖力の差はないものとする。　（立教大）

2 赤血球表面にある抗原によって決められるヒトの血液型の 1 つに MN 型がある。MN 型を決定する遺伝子座は，第 4 番染色体に存在し，M および N 遺伝子によって決定され，M と N との間には優劣はない。この MN 型の血液型について，X 島および Y 島で暮らす人の割合を調査したところ，X 島では，MM 型が49％，Y 島では，MM 型が 1 ％であった。

X 島と Y 島における遺伝子 M の頻度をそれぞれ求めよ。なお，どちらの島についても MN 型を決定する遺伝子について，ハーディ・ワインベルグの法則が成立しているものとする。　（京都府大）

質問 07 ③問題を解くための疑問 生物

血縁度の求め方がわかりません！「親子は0.5！」って暗記しています。（笑）

A 回答 それはまずいですね。0.5とは限りませんよ！ **血縁度**は適応進化を考える際にとっても重要なので，ちょっと難しいけれど頑張って計算できるようになりましょう！ ところで，**近親交配**ってどういう交配かわかるかな？

いとこ同士とか…。
そういう身内どうしの結婚のイメージです。

イメージはあっていますよ。近親交配は**「集団から任意に選ばれた個体よりも，遺伝的に近縁な個体どうしの交配」**と定義されており，要するに**血縁関係にある個体どうしの交配**ということです。**近親交配では有害な劣性遺伝子のホモ接合体が生じる可能性が高まる恐れがあり，交配する個体どうしが近縁であるほどそのリスクが高まります。**そこで，個体どうしがどれくらい近縁かを示す血縁度が重要になります。

右の家系図(○が雌，□が雄)を使って楽しく血縁度を求められるように(そして，もちろん，定義に矛盾がないように)説明していきます。

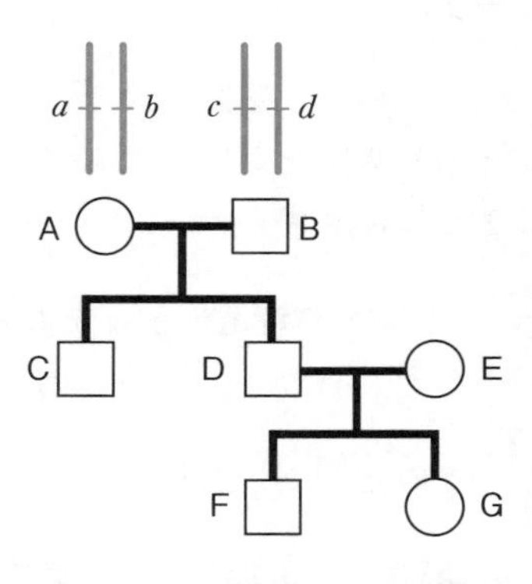

ウマ(核相はもちろん $2n$)の，ある常染色体上の1つの遺伝子座について，右図のAとBの遺伝子型をそれぞれ ab，cd としましょう。

まず，親からみた子の血縁度です。Aが自分の遺伝子 a をもって(←どうやってもつんだ？ というツッコミはなし！)，息子であるCに向かって**「ねぇ，この遺伝子 a をもってる？」**と問いかけます。

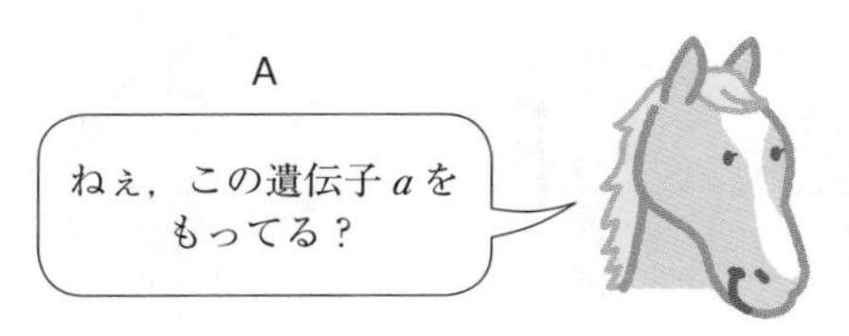

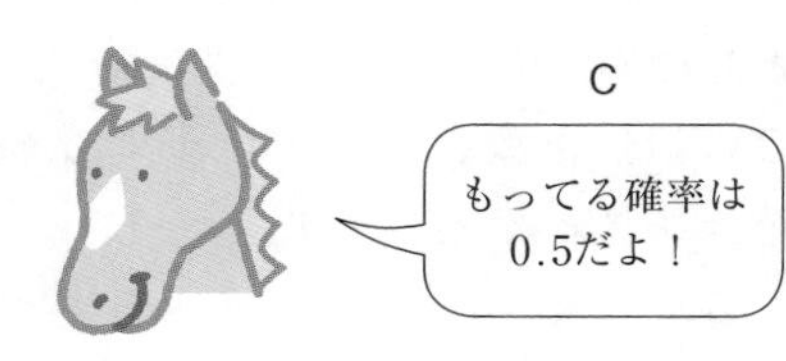

遺伝子 b について問いかけても答えは同じ0.5ですね。血縁度はこの２つの値（※今回はともに0.5）の平均値に相当します。つまり，ＡとＣの血縁度は，

$(0.5+0.5)\times\frac{1}{2}=0.5$　です！　血縁度の定義は**「個体間で共通の祖先に由来する特定の遺伝子をともにもつ確率」**なので，$2n$ の個体間での血縁度は上の計算で求められることがわかると思います。

では，次に兄弟間の血縁度を求めてみましょう。Ｃの遺伝子型を仮に ac として同様に考えましょう（注：遺伝子型を ad，bc，bd のどれにしても結論は変わりません）。まず，母親（Ａ）からもらった遺伝子 a について，ＣからＤに問いかけます。

父親（Ｂ）からもらった遺伝子 c についても同様ですね。だから，ＣとＤの血縁度は，$(0.5+0.5)\times\frac{1}{2}=0.5$　です！

次はちょっと難しいですよ！　ＣとＦの血縁度を求めてみましょう！　叔父（おじ）と甥（おい）の関係ですね。Ｃ（遺伝子型 ac）がＦに，「遺伝子 a をもってる？」と聞きます。Ｆが遺伝子 a をもつ確率はいくらになるでしょうか？

Ｄが遺伝子 a をもち，さらにその遺伝子 a がＦに伝わっている確率だから，0.5×0.5＝0.25かな？

その通り！　遺伝子 c についても同様だから，ＣとＦの血縁度は $(0.25+0.25)\times\frac{1}{2}=0.25$　となります。

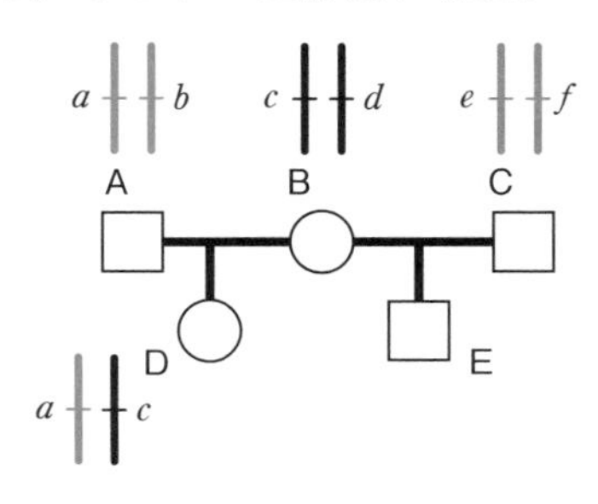

勢いに乗って，ちょっとイレギュラーなパターンにもチャレンジしましょう。右図のＤとＥは異父きょうだいの関係です。Ａ，Ｂ，Ｃの遺伝子型をそれぞれ ab，cd，ef，Ｄの遺伝子型を ac とします。

Ｄが「遺伝子 a をもってる？」とＥに聞くと，Ｅは当然「もってないよ！」

と答えます。「遺伝子 c は？」と聞くと，Ｅは「もってる確率は0.5だよ！」と答えます。よって，ＤとＥの血縁度は，$(0+0.5)\times\frac{1}{2}=0.25$　となります。

なるほど，ここまではよくわかりました。でも，ミツバチの血縁度の問題がうまく解けないんですが…。

それは，ミツバチの**個体群**についての知識不足が原因の可能性が高いですね。

ミツバチの核相は，雌が $2n$ で雄が n なんです。

女王バチが減数分裂によってつくった卵(n)が**受精しないまま発生すると雄(n)になります**。また，卵(n)と**雄バチが体細胞分裂でつくった精子(n)**が受精すると受精卵$(2n)$となり，この**受精卵が発生すると雌$(2n)$になります**。雄親の遺伝子は必ずすべてが娘に受け継がれるから，**雄親からみた娘の血縁度は1**なんです！　ほら，親子の血縁度は0.5なんて丸暗記していてはだめでしょ！そして，雌の中から**次世代の女王バチ**と**ワーカー**(働きバチ)が生じます。

同世代の働きバチと女王バチは姉妹なんですね！

その通りです！　それでは，同じ雄バチを父にもつ姉妹関係にあるワーカーと次世代の女王の血縁度を求めてみましょう。下図の雄バチの遺伝子型を a，女王の遺伝子型を bc，そして次世代の女王の遺伝子型を ab としましょう！

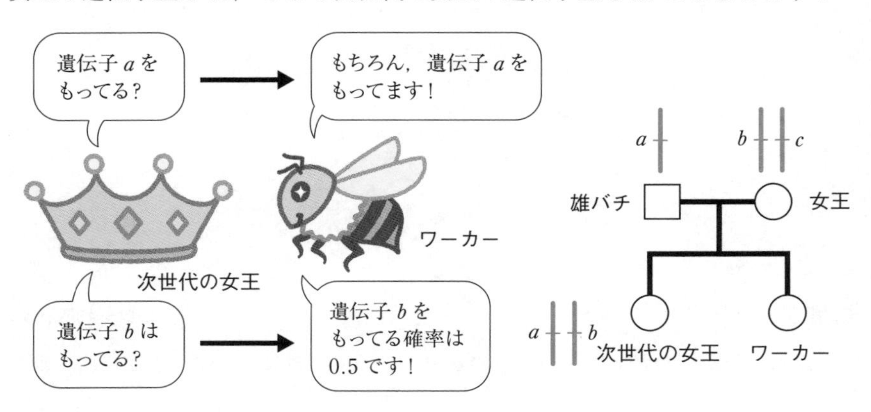

よって，求める血縁度は，$(1+0.5)\times\frac{1}{2}=0.75$　となります。

姉妹間の血縁度が大きいので，女王がより多くの子孫を残せるように世話することで，自身が直接に子を残すよりも，自身のもつ遺伝子と同じ遺伝子を多く子孫に伝えられることになります。

結果として，ワーカーは自身が繁殖しなくても，**包括適応度(自分自身の子だけでなく，血縁関係も含めて考えた適応度)を大きくすることができる**んですね。

類題にチャレンジ 07

解答 → 別冊 p. 7

1 近親交配が行われていないヒトの家系において，祖父と孫の間の血縁度を求めよ。

2 ミツバチにおいて，女王からみた次世代の雌個体の血縁度を求めよ。

質問 08 ③問題を解くための疑問 生物

分子系統樹の問題で，「相違数×$\frac{1}{2}$＝置換回数」ってどういうことですか？

A 回答 **分子系統樹**をつくる際に知っておく必要のある公式ですね。分子系統樹は，**塩基配列の違いやアミノ酸配列の違いという客観的なデータ**に基づいて，**確率論的に最も妥当**となるように作成された系統樹です。

確率論的に最も妥当…とは，どういうことですか？

「絶対にこれが正解！」とは断言できないけれど，ちゃんとした根拠をもって「確率的に考えてこれが最も妥当」といえる系統樹ということです。具体例で考えてみましょう。ヒトとサルの**インスリン**遺伝子の塩基配列の一部を下表に示します。

ヒト	TGCGGCTCACACCTGGTG
サル	TGCGGCTCCCACCTAGTG

2ヶ所の塩基配列が異なっていますね。この塩基配列の違いは，**ヒトとサルが共通祖先から分岐した後，それぞれの集団で塩基配列が変化した結果**です。よって，**分岐してからの経過時間が長いほど，塩基配列やアミノ酸配列の相違数が大きくなる**ことは容易に想像できますね。

話をシンプルにするため，ヒトとサルの共通祖先における該当領域の塩基配列を「TGCGGCTCACACCTAGTG」と仮定します。すると，下図のように，分岐後にヒトの祖先では15番目の塩基AがGに置換し，サルの祖先では9番目の塩基AがCに置換したと推測することができます。

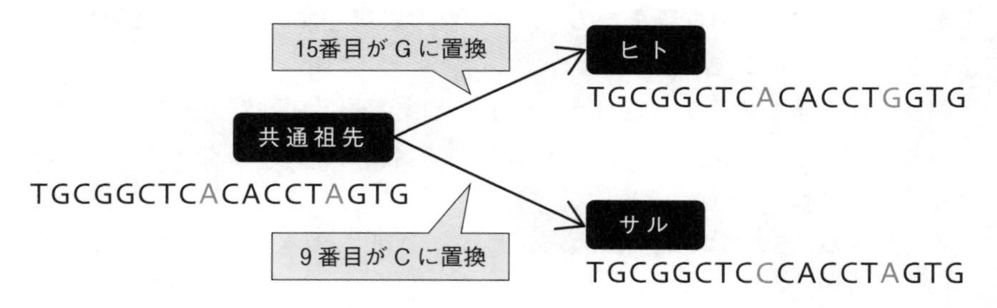

この図に基づいて，**ヒトとサルで塩基配列が2ヶ所異なる**のはなぜかという疑問に対して答えるならば，**「分岐後に，ヒトとサルそれぞれで，異なる塩基に1回ずつ置換が起きたから」**となります。

これを公式化したものが，次式です。

$$\text{相違数} \times \frac{1}{2} = \text{置換回数}$$

10ヶ所違いがあれば，それぞれで5回変化したと考えていいよ！　16カ所違いがあれば，それぞれで8回変化したと考えようぜ！　ということですね。

なぜその関係式ができたのかは，よくわかりました。
でも，実際は，共通祖先の塩基配列がわからないですよね？

理解した上で感じるその違和感は非常に大事です！　通常，**共通祖先の塩基配列やアミノ酸配列はわからないので，上の公式は誤差が発生する可能性を含んでいます**。例えば，下図のような場合だね。

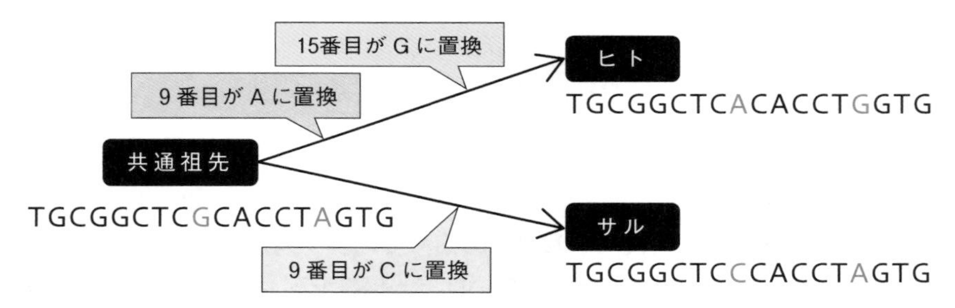

そうです，こういう場合を考えていたから，
公式がしっくりこなかったんですよ！

このように，別の集団で同じ場所に塩基置換が起こったり，同じ集団で同じ場所の塩基置換が複数回起きたりすることを多重置換といいます。実際には，**多重置換は非常にまれな現象なので，大雑把な計算をするのであれば無視してよい**というイメージです。

相違数があまり多くない範囲であれば，確率論的に多重置換を補正する方法もあるんですが，※ポアソン分布を仮定して対数計算をしないといけないので高校生物では扱いません。

※ポアソン分布：ランダムに起こる事象が，ある特定期間に n 回起こる確率がどれくらいかを示す分布。

おぉ…。大学生になったら，勉強してみます。

進化の過程で，遺伝子の塩基配列やタンパク質のアミノ酸配列が変化する速度(＝分子進化速度)は遺伝子ごとに異なります。しかし，**同じ遺伝子やタンパク質における分子進化速度は，(特に近縁な生物種間であれば)種によらずほぼ一定**となります。この特徴は**分子時計**と呼ばれ，**塩基配列やアミノ酸の置換回数の情報から分岐年代を推定することが可能**となります。

分子時計を用いた年代推定は太古の出来事に対してだけでなく，条件が揃えば最近の出来事に対しても適用できます。例えば，**HIV**(エイズウイルス)の起源の推定などに適用されています。この研究では，1930年頃には，すでにアフリカでHIVに感染した人間がいたことが示されているんですよ。

類題にチャレンジ 08

解答 → 別冊 p. 8

下表は4種の動物の間で，200個のアミノ酸から構成されるタンパク質Xのアミノ酸配列についての相違数を示したものである。図は表の結果から作成した分子系統樹であり，図中に示した数「12」は，ハリネズミと［ア］において，共通祖先から置換したアミノ酸の数を表している。なお，ハリネズミとオポッサムは約1億8千万年前に共通の祖先から分岐したとする。

動物種	ハリネズミ	ヤツメウナギ	オポッサム	ハリモグラ
ハリネズミ	0	68	24	48
ヤツメウナギ		0	63	61
オポッサム			0	52
ハリモグラ				0

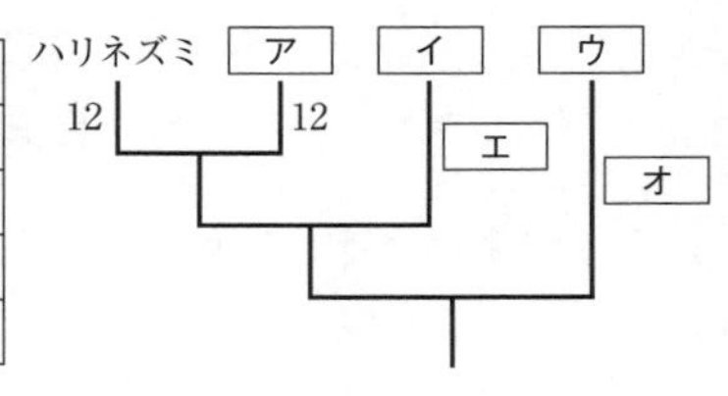

問1　図中の［ア］～［ウ］に入る動物種名を答えよ。

問2　図中の［エ］と［オ］に入る数値を答えよ。

問3　ハリネズミとヤツメウナギが共通祖先から分岐した年代(年前)を推定せよ。なお，解答は有効数字2桁で答えよ。

問4　このタンパク質において，1年当たりにアミノ酸の置換が起こる率は，アミノ酸1個当たりいくらになるかを求めよ。なお，解答は有効数字2桁で答えよ。

(金沢医大)

質問 09　②教科書についての疑問　生物基礎

対物レンズの倍率を変えると，接眼ミクロメーター１目盛りの長さが変わるのはなぜですか？

A 回答　しょせんはミクロメーターという便利な道具の使い方なので，公式の丸暗記でも構わないんですが，やはり納得して覚えた方が忘れにくいですから，ちゃんと解説しますね。まず，次の関係式は覚えていますか？

$$\text{接眼ミクロメーターの1目盛りが示す長さ} = \frac{\text{対物ミクロメーターの目盛りの数} \times 10\mu\text{m}}{\text{接眼ミクロメーターの目盛りの数}}$$

その公式はちゃんと覚えています！

この関係式がどのように作られるものなのかを考えましょう。接眼ミクロメーターと対物ミクロメーターを適切にセットして観察したようすが下図です。なお，１目盛りの長さが10μm の対物ミクロメーターを用いています！

接眼ミクロメーターの12と17の位置で，目盛りが重なっています。

そうですね，その関係を式にしてみましょう。接眼ミクロメーター１目盛りの長さを x〔μm〕とすると…，

$$5\text{目盛り} \times x\text{〔}\mu\text{m〕} = 2\text{目盛り} \times 10\text{〔}\mu\text{m〕}$$

「接眼ミクロメーター５目盛り分の長さと，対物ミクロメーターの２目盛り分の長さが等しいですよ～」という式ですね…，あっ！

気がつきましたか？　この式の左辺にある「５目盛り」を右辺にもっていくと，公式の形になりますね。丸暗記するような公式ではなかったですね♪

では，はじめの質問に答えていきますね！　対物ミクロメーターは**ステージ**に置いて使いますね。一方，接眼ミクロメーターって**接眼レンズ**に装着しますね(右図)。よって，**対物レンズは接眼ミクロメーターよりも向こう側(＝観察者の眼から遠い位置)にある**んです。だから，**レボルバー**を回して**対物レンズの倍率を変えても，接眼ミクロメーターの見え方は変わらない**んです。でも，倍率を上げたんですから，対象物は大きく見えるようになります。このようすを下図を使ってイメージしてみましょう。

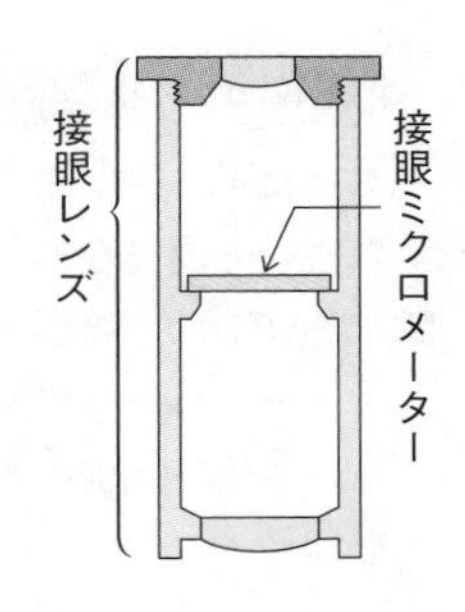

左下図が倍率10倍の対物レンズで細胞を観察したようす，右下図が倍率20倍の対物レンズに変えて同じ細胞を観察したようすです。右下図では，対物レンズの倍率が元の２倍になったことで，細胞の長径が２倍に見えています。

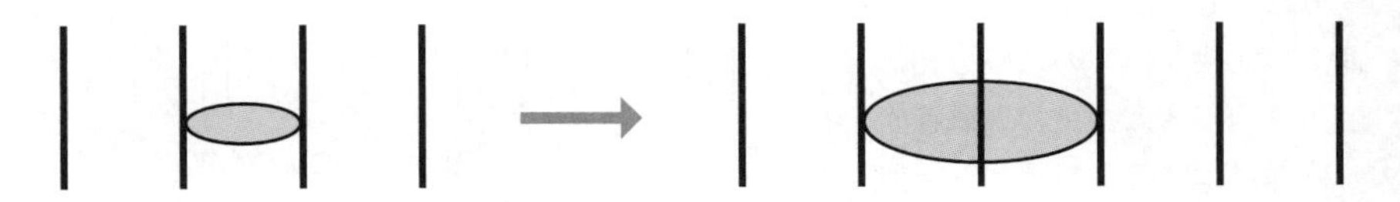

対物レンズの倍率が10倍のとき，接眼ミクロメーター１目盛りの長さはちょうど細胞１個分だよね。対物レンズの倍率を20倍にしたときは…,

あっ！　１目盛りが細胞0.5個分になっています！

その通り！　対物レンズの倍率を元の２倍にしたことによって，接眼ミクロメーター１目盛りの意味する長さが元の0.5倍になっているね。この関係を一般化すると次のようになります。

対物レンズの倍率を元の　n 倍　にすると，
接眼ミクロメーター１目盛りの意味する長さは元の　$\frac{1}{n}$ 倍　になる。

納得した上で，この関係を覚えておきましょう！
それでは，次ページの「類題にチャレンジ」を解いてみてください。

類題にチャレンジ 

解答 → 別冊 p. 10

ミクロメーターを用いてネズミの血管の内径を測定したい。

問1　図1は，接眼ミクロメーターを10倍の接眼レンズ内に入れ，倍率10倍の対物レンズを組み合わせて対物ミクロメーターを見た図である。図2は，図1と同じ倍率で血管を観察した図である。図1と図2の結果に基づき，血管の内径を求めよ。なお，図1の対物ミクロメーターの1目盛りは0.01mmである。

問2　対物レンズの倍率を40倍のものに変えた場合，血管の内径は接眼ミクロメーター何目盛り分になるか。（静岡大）

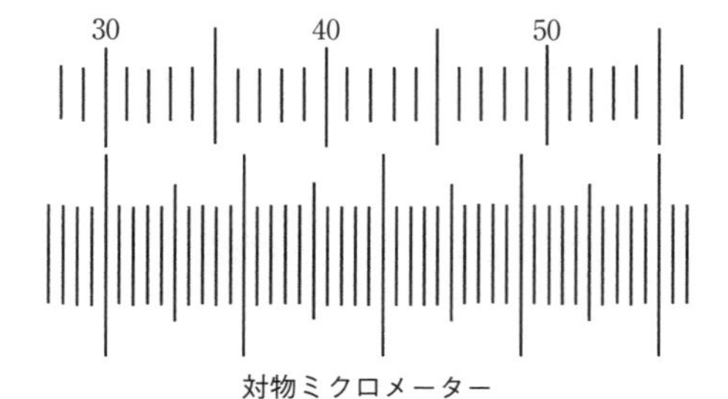

図1　接眼ミクロメーターの検定

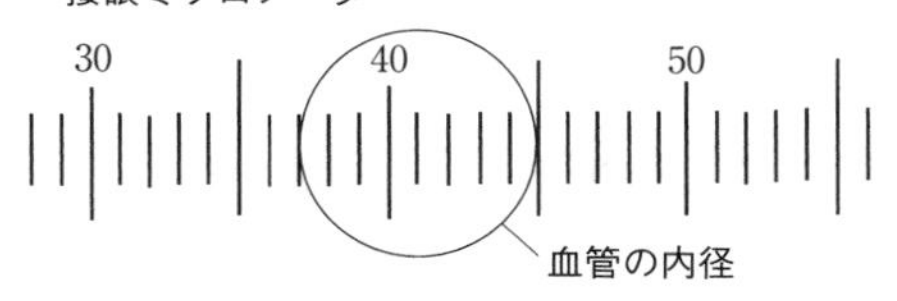

図2　接眼ミクロメーターによる血管の内径の測定

質問 10　①身近な疑問　生物基礎

ヒトのからだを構成する細胞の数は何個くらいなんですか？

A 回答　一昔前まで，「ヒトのからだは約60兆個の細胞からなる」といわれていました。しかし，この60兆個という数字には明確な根拠がなく，実際に数えるわけにもいかないので，「まぁ，そんなもんかな？」とされていたんです。１秒間に１個のスピードで数え続けたとして，60兆個数えるのに約200万年かかりますからね！

この60兆個という数は次のようなイメージで推定されたものです。

① 標準的なヒトの体重を 60kg とする。
② 細胞を一辺が $10\mu m$ の立方体と仮定する。
③ ヒトのからだは細胞のみからできている。
④ 細胞の密度は $1.0 g/cm^3$ とする。

かなりツッコミどころのある仮定ですね。

③の仮定なんかは細胞間の**コラーゲン**などのタンパク質や**血しょう**などを無視しているし，④についても「そんなわけあるかい！」という仮定ですね。でも，ひとまず，これらの仮定に乗っかって計算してみましょう。

標準的なヒトの体重が 60kg で，細胞の密度が $1.0 g/cm^3$ であることから，標準的なヒトの体積は 60L です。さらに，$1L = 10^3 cm^3 = 10^{15} \mu m^3$ なので，**ヒトの体積は $6.0 \times 10^{16} \mu m^3$** となります。

$1 cm = 10^4 \mu m$ なので，$1 cm^3 = 10^{12} \mu m^3$ ですからね！

②の仮定より，１個の細胞の体積は $10^3 \mu m^3$ なので，細胞数は，

$\dfrac{6.0 \times 10^{16}}{10^3} = 6.0 \times 10^{13}$ 個　と推定されます！　確かに，60兆個です。

そんな中，2013年に**「ヒトの細胞数の推定値は 3.72×10^{13} 個」**という論文が発表されました。もちろんこの数字も推定値ですが，細胞のサイズについてのデータが記載されている論文を集めて臓器や組織ごとの細胞数を推定し，積み上げていくという方法を用いていて，かなり現実的な値のようです。ところで，この約37兆個の細胞の中で最も数が多い細胞は何だと思いますか？

うーん…，筋肉？　いや…，肝臓？

ブブー！　正解は**赤血球**です！　その数，なんと約26兆個!!　ヒトのからだを構成する細胞の約７割が赤血球ということになります。

確かに，赤血球の数はとても多いことを教科書の血液の分野で学んでいました！　言われれば，そんな気がします。

下表は教科書に掲載されている，ヒトの血液の有形成分のデータです。

有形成分	核	数(/mm^3)	はたらき
赤血球	無	男410万～530万，女380万～480万	酸素の運搬など
白血球	有	4000～9000	免疫
血小板	無	20万～40万	血液凝固

大雑把に赤血球数を450万個/mm^3，白血球数を6000個/mm^{3}として計算すると，白血球の総数は，$2.6\times10^{13}\times\dfrac{6.0\times10^3}{4.5\times10^6}\fallingdotseq3.5\times10^{10}$ 個　→　約350億個となります。ちょっと多い気もしますが，ざっとこんな数になります。

26兆という数字を見た後なので，
350億が少なく感じます！

類題にチャレンジ 10

解答 → 別冊 p. 10

1　ヒトのからだをつくる細胞の総数として最も適当なものを，次から１つ選べ。

①　37億　　②　370億　　③　3700億　　④　3.7兆　　⑤　37兆

（北海道医療大）

2　ヒトの体は，約37兆個の細胞からできている。受精卵から37兆個の細胞が生じるまでに必要な細胞分裂の回数として最も適当なものを，下から１つ選べ。ただし，すべての細胞が死滅することなく同時に分裂を繰り返すものとし，$\log_{10}2\fallingdotseq0.3$ を用いてよい。

①　40　　②　43　　③　46　　④　49　　⑤　52

（東京農業大）

質問 11　①身近な疑問◆ノーベル賞◆　生物

カエルの卵が，淡水中で破裂しないのはなぜですか？

A 回答　これは良い質問！　赤血球を蒸留水に入れると吸水して**溶血**しますもんね。カエルの卵はなぜ破裂しないんだろう…と思うのも自然です！

そうなんです，ゾウリムシのように 収縮胞をもっているわけでもないし…。

細胞膜などの生体膜の主成分はリン脂質で，疎水部どうしを向かい合わせたリン脂質二重層からなりますね。リン脂質は流動的に動くことができ，膜に含まれるタンパク質も膜上を比較的自由に動けます。このような生体膜構造のモデルは**流動モザイクモデル**といいます(右図)。

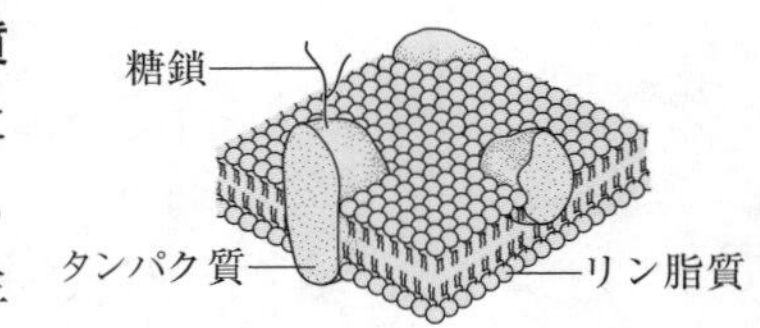

〔流動モザイクモデル〕

一般に，**細胞膜は半透性に近い性質をもち，水を通すことができます**。細胞膜が水を通すという事実は150年以上前から指摘されている事実です。しかし，リン脂質二重層は水をはじいてしまうので，**純粋なリン脂質二重層は水を通しにくい**こともわかっています。

なんだか矛盾しているような…。難しいですね。

この謎を解明した研究者がピーター・アグレ，2003年のノーベル化学賞の受賞者です。赤血球の細胞膜が水をよく通すことは知られていたので，赤血球の細胞膜を調べていくと，赤血球の細胞膜に多く存在する謎のタンパク質(注：タンパク質Aとします)が見つかったんです。

そこで，アグレはアフリカツメガエルの卵母細胞にタンパク質AのmRNAを注入する実験を行いました。次ページのグラフ1はタンパク質AのmRNAを10ng含む微量の水溶液を入れて低張液に浸した場合，グラフ2はmRNAを含まない水だけを入れて低張液に浸した場合，グラフ3は未処理の卵母細胞を低張液に浸した場合についての卵母細胞の体積変化を示しています。グラフの縦軸は V/V_0 で，V は卵母細胞の体積，V_0 は卵母細胞の最初の体積です。

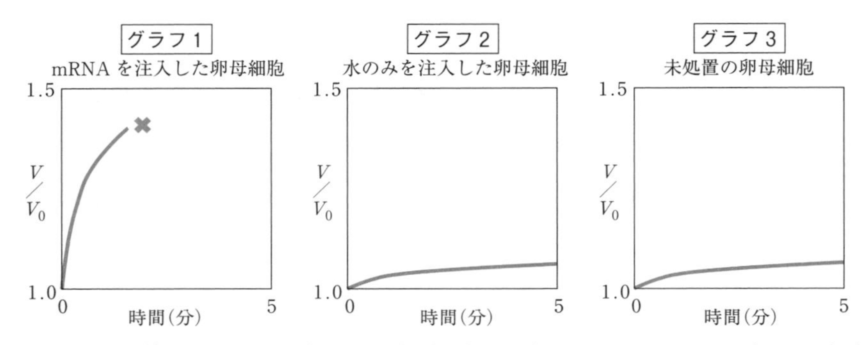

タンパク質Aの mRNA を入れた場合だけ，水がドンドン入ってきていますね。なお，グラフ1の✖は卵母細胞が破裂してしまった時点を示しています。

なんと！　カエルの卵母細胞が破裂していますね！

この実験では，注入したmRNAが翻訳されて，つくられたタンパク質Aが原因で卵母細胞内に水がドンドン入ってきたことがわかります。この実験は1992年に行われ，後にアグレはこのタンパク質Aを**アクアポリン**と名づけました。水を意味する aqua，孔を意味する pore，タンパク質を意味する接尾辞の in が組み合わさった名前です。

現在，ほとんどの生物がアクアポリン遺伝子をもち，ヒトでは13種類，シロイヌナズナでは35種類ものアクアポリンが存在することがわかっています。また，通常アクアポリンは４本のポリペプチドが組み合わさった４量体として存在していて，単量体の状態ではあまり水を通さないこと，４量体になる際のアクアポリンの種類の組合せによって水の通しやすさが変わる場合があることなどがわかっていて，現在でも研究が進んでいるタンパク質なんですよ！

なるほど，カエルの卵の細胞膜にアクアポリンが存在しないことが，「カエルの卵が破裂しない理由」だったんですね。

そういうことです。ところで，大学入試においてアクアポリンはどの分野でよく出題されると思いますか？

う〜ん，細胞膜についての知識問題ですか？

確かにそういう出題もありますが，腎臓の分野の問題で出題されることが多いんです。腎臓のアクアポリンについて喋らせてください！

細尿管の細胞の細胞膜には多くのアクアポリンがあります。**細尿管では Na^+ の再吸収が盛んに行われて細尿管内の Na^+ 濃度が低くなり，管の内外に大きな浸透圧差（細尿管内：低，細尿管外：高）が生じます。**細尿管の細胞にはアクアポリンがあるので，浸透圧差によって，水が細尿管の外に移動できます。

アクアポリンがあることで，
水の再吸収ができるんですね。

集合管における水の再吸収を促進するホルモンといえば，**脳下垂体後葉**から分泌される**バソプレシン**ですね。これにも，もちろんアクアポリンが関係しますよ！

集合管の細胞のアクアポリンは，**毛細血管側には常に存在している**んですが，**集合管の管腔側については，細胞膜に存在する場合と細胞内の小胞に存在する場合**があります。**集合管がバソプレシンを受容すると，小胞が集合管の管腔側の細胞膜と融合し，アクアポリンが管腔側の細胞膜に現れます**（下図）。

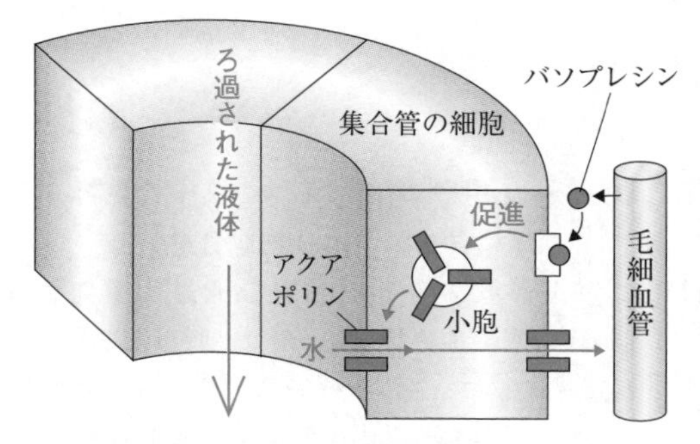

〔集合管および毛細血管の模式図〕

バソプレシンを受容すると細胞膜のアクアポリンが
増えて，水の再吸収が促進される!!　すごい！

その通りです。この集合管の管腔側のアクアポリンの遺伝子に異常が存在する場合，水の再吸収が正常に行われず尿量が多くなってしまいます。このような病気は尿崩症と呼ばれています。ただ，尿崩症の原因は様々で，バソプレシンが分泌できない場合なども尿崩症となります。

それでは，次ページの「類題にチャレンジ」を解いてみてください。

類題にチャレンジ 11

解答 → 別冊 p. 11

1 「タンパク質Aがアクアポリンである」という仮説を検証するために次の実験を行った。

実験 アフリカツメガエルの卵母細胞を等張液中から低張液中へ移した後，細胞の体積の変化を観察した結果，右図のグラフに示すように軽微な変化を示すにとどまった。ここで上記の仮説を検証するため，卵母細胞と等張液中にあるアフリカツメガエルの卵母細胞にあらかじめタンパク質AのmRNA 5ngを含む水50nLを注入し，しばらくしてから低張液中へ移して，細胞膜を挟んでの水の移動による細胞の体積の変化を観察した。

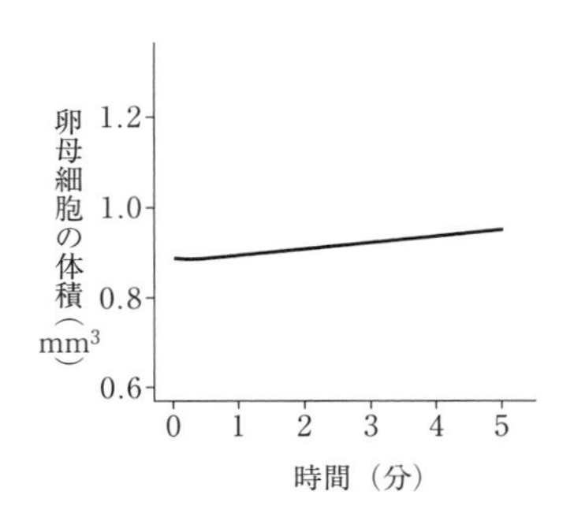

問1 タンパク質AのmRNA導入の効果を正しく判断するためには，どのような対照実験を行うべきか。適当な細胞の種類と施すべき処置について簡潔に説明せよ。

問2 仮説が正しかった場合の，mRNAを導入した卵母細胞の体積変化について簡潔に説明せよ。

（和歌山県医大）

2 哺乳類の腎臓における水の再吸収に関する次の文中の空欄に適語を入れよ。

尿の生成過程において，原尿に含まれる水は細尿管や［ア］において再吸収される。この際，水はこれらを形成する上皮細胞を通過して血管へと移動するが，［ア］の上皮細胞の細胞膜の水の透過性は［イ］と呼ばれるホルモンによる調節を受けている。［イ］が腎臓の［ア］の上皮細胞に到達すると10分程度で上皮細胞膜上の［ウ］というチャネルが増え，水の透過性が高まる。そして［イ］の濃度が低下すると，水の透過性は元の状態に戻る。

（和歌山県医大）

質問 12 ①身近な疑問 生物

ミントを食べると冷たく感じるのが不思議です！ ミントは冷たくないはずなのに・・・。

A 回答 重要なテーマが隠れている質問ですね！ ミントで冷たく感じる現象にはTRPM8という**イオンチャネル**が関わっています。

TRPチャネルは，1989年にショウジョウバエで発見されてから世界中で研究されているチャネルで，ヒトでは27種類のTRPチャネルがあります。TRPM8はTRPチャネルの1つで，メントール受容体としてはたらきます。

TRPM8は，メントールと結合すると開くんですか？

その通りです。メントールが結合すると開いて，陽イオンが流入することでTRPM8をもつ細胞を興奮させます。そして，この**TRPM8は25〜28℃という低温によって開くこともできるチャネル**なんです。つまり，低温刺激によって興奮する細胞がメントールによっても興奮し，脳に情報を伝えるわけです。よって，**メントールを含むミントなどを食べると，低温刺激を受容したときと同じ細胞が興奮するので，脳では「冷たい！」と感じるんですね。**

正常なマウスとTRPM8遺伝子を破壊したマウスを用いて行われた，下図のような実験があります。マウスを入れる装置の右半分はマウスが快適と感じる30℃で，左半分は温度を変化させられます。2種類のマウスについて，5分間観察して，左半分にマウスが滞在した時間を調べた結果が下のグラフです。

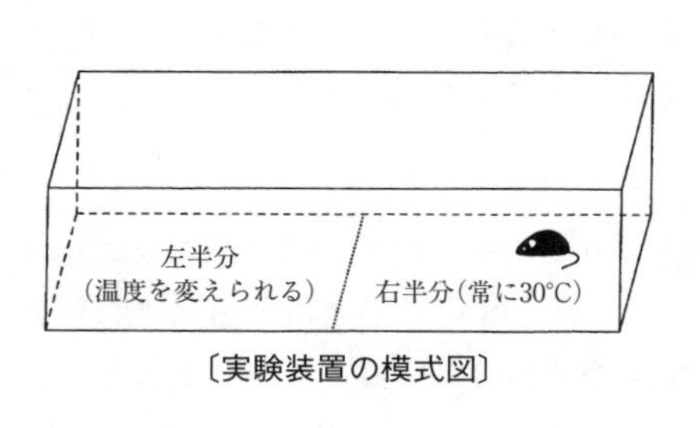

〔実験装置の模式図〕

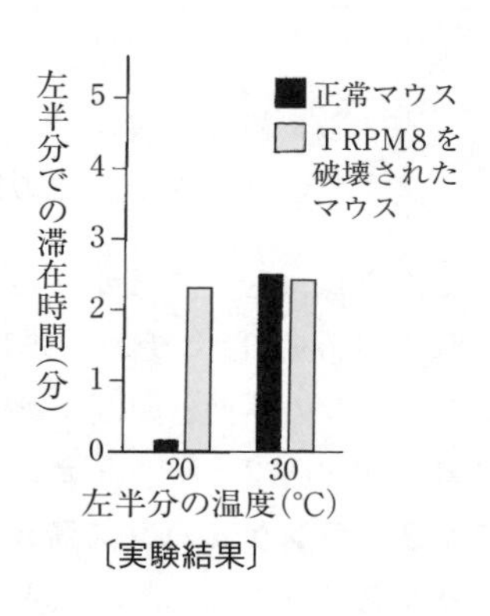

〔実験結果〕

正常マウスは20℃の場所を避けているんですね。

左半分が20℃のとき，正常マウスは左側にはほとんど滞在していないですよね！　一方，TRPM8をもたないマウスは右側に滞在しているのとほぼ同じ時間，左側に滞在していることから，**20℃と30℃の違いを認識できていないと考えられます**。TRPM8がないので，本来ならば20℃という低温で興奮するはずの細胞が，興奮できないことが原因です。

温度によって開くイオンチャネルがあるなんて，ビックリです！

TRPチャネルはどれも温度に対して開くんですが，特定の化学物質によって開閉したり，開きやすさが変化したりするんです。TRPチャネルの中でも最も有名なものが**TRPV1**です。これは**43℃以上の高温によって開くチャネルなんですが，カプサイシンによっても開きます**。

カプサイシンって，唐辛子の成分の，ですか？

よく知っているね，正解です！　舌にあるTRPV1はカプサイシンを辛味として受容するんですが，舌以外の部位にあるTRPV1は，カプサイシンを痛みとして受容するそうです。「辛い」は英語でhot，「熱い」も英語でhotです。どちらも同じ単語なんです。面白いですね！　また，TRPV1はカプサイシンを受容すると，**温度に対する閾値が低下**するので，カプサイシンを受容した皮膚にぬるま湯をかけるだけで，激しい痛みを感じるんです。

激辛料理の後に，スープを呑んだらとんでもなく熱い…，というか痛かったのは，そういうことなんすね！

…そんな無茶したことがあるの？　僕には絶対に無理です！

これら以外のTRPチャネルについての研究も進んでいます。たとえば，**マクロファージ**の活性は温度に影響されていて，38℃を超えると活発になります。これにはTRPM2というイオンチャネルが関わっていることがわかっています。TRPM2は**ランゲルハンス島B細胞**にも多く発現しており，体温が上昇することで**インスリン**の分泌が増加する現象に関わっていると考えられています。

また，皮膚の細胞で発現しているTRPV4は30℃を超える高温域で開くチャネルで，細胞どうしの接着に関わっています。冬になると肌がカサカサになるじゃないですか？　実はTRPチャネルが関係しているんですよ！　冬の外気に触れて皮膚の温度が下がり，TRPV4がはたらかなくなることが原因で細胞どうしの接着が弱まり，細胞から水分が蒸発して皮膚が乾燥してしまうと考えられています。

考えてみれば，生物と温度というのは深い関係がありますよね。しかし，この関係については研究が始まったばかりで，これからどんどん新しいことがわかっていくことになるでしょう！

それでは，次の「類題にチャレンジ」に挑戦してみてください。

類題にチャレンジ 12

解答 → 別冊 p. 11

TRPV1およびTRPM8と呼ばれる2種類のチャネルについて，それぞれがどのような刺激によって開くのかを明らかにするために，次の実験1と実験2を行った。

実験1：マウスの感覚神経細胞の一部には，カプサイシンに反応して細胞内に陽イオンの流入が起こる細胞が存在する。同様に，ミントに含まれるメントールに反応して細胞内に陽イオンの流入が起こる細胞も存在する。正常なマウスA，または遺伝子操作によってTRPM8遺伝子を破壊したマウスBから感覚神経細胞を採取し，細胞培養を行った。それぞれの培養液中に，カプサイシン，またはメントールを添加し，細胞内への陽イオンの流入が起こった細胞の割合を測定した(表1)。

表1　カプサイシンまたはメントールに反応した神経細胞の割合

細胞を採取したマウス	カプサイシンに反応した細胞	メントールに反応した細胞
マウスA	59%	18%
マウスB	61%	0%

次に，正常なマウスAから，カプサイシンに反応する感覚神経細胞，またはメントールに反応する感覚神経細胞をそれぞれ分離した。温度を急激に変化させながら，それぞれの細胞を培養し，細胞内の Ca^{2+} 濃度を連続的に測定した。得られた結果を図1に示した。

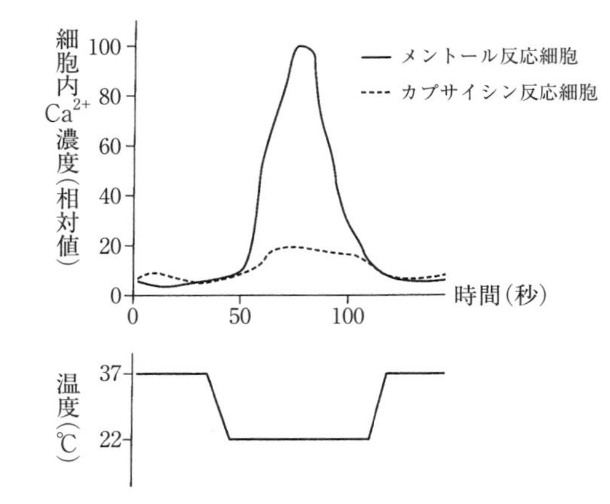

図1　温度変化にともなう細胞内 Ca^{2+} 濃度の変化
（Bautista *et al.*, *Nature* 448, 204-208, 2007 を一部改変）

実験2：正常なマウスA，TRPM8遺伝子を破壊したマウスB，TRPV1遺伝子を破壊したマウスCから感覚神経細胞を採取した。それぞれの細胞を短時間の間，12℃，22℃，または45℃で培養を行い，細胞内への陽イオンの流入が起こった細胞の割合を調べた（表2）。

表2　各温度で陽イオンの流入が観察された細胞の割合

細胞を採取したマウス	12℃	22℃	45℃
マウスA	5%	18%	59%
マウスB	5%	0%	58%
マウスC	5%	19%	7%

問　実験結果から推測されることに関する記述として，適当なものを次からすべて選べ。

① TRPV1は45℃の高温刺激に反応して開くチャネルである。
② TRPV1は12℃の低温刺激に反応して開くチャネルである。
③ マウス感覚神経細胞において，TRPV1は45℃の高温刺激に反応して開く唯一のチャネルである。
④ マウス感覚神経細胞において，TRPV1は12℃の低温刺激に反応して開く唯一のチャネルである。

（岐阜大）

質問 13　②教科書についての疑問◆ノーベル賞◆　生物

「オートファジー」って何ですか？

A 回答　**大隅良典**先生が2016年にノーベル生理学・医学賞を受賞したことで一気に有名になった印象がありますね。オートファジーは，高校の教科書では**リソソーム**についての解説の中で**「古い細胞小器官など自己の細胞質の一部を分解する現象」**として紹介されています。この説明だけではイメージがつかめないと思うので，**オートファジー**の歴史から説明しましょう。

大隅先生がオートファジーを発見したんですか？

いえ，オートファジーの歴史は古く，1963年にド・デューブがオートファジーという単語を作りました。ド・デューブはリソソームの発見者でもあり，**エンドサイトーシス・エキソサイトーシス**という用語も彼が作ったんです。ド・デューブはこれらの功績により，1974年のノーベル生理学・医学賞を受賞しています。

1993年，大隅先生らが**酵母**を用いてオートファジーに必須の遺伝子群（*ATG* 遺伝子群：**a**u**t**ophag**y**-related gene）を発見しました。これをきっかけにオートファジーの研究が盛り上がっています。

オートファジーとはどういう現象ですか？

オートファジーは，細胞が飢餓状態に置かれたとき・異常なタンパク質が生じたとき・ミトコンドリアが損傷したときなどに，活発になります。オートファジーでは，細胞内でリン脂質が集まって隔離膜と呼ばれる小胞が形成されます。そして，隔離膜が伸長しながらタンパク質や細胞小器官を包み込み，２重膜に包まれたオートファゴソームという袋になります。さらに，オートファゴソームはリソソームと融合し，オートリソソームという小胞になります。このとき，**リソソームに含まれる加水分解酵素によってオートファゴソームに含まれるタンパク質や細胞小器官が分解される**んです（次ページの図参照）。

分解されて生じたアミノ酸は再びタンパク質合成のための材料としてつかわれ，生じた糖類は呼吸基質としてつかわれます。つまり，**オートファジーに**

よって生じた物質を細胞が再利用するんです。**細胞が飢餓状態に置かれても，オートファジーによって何とか生き延びられる**というイメージですね。

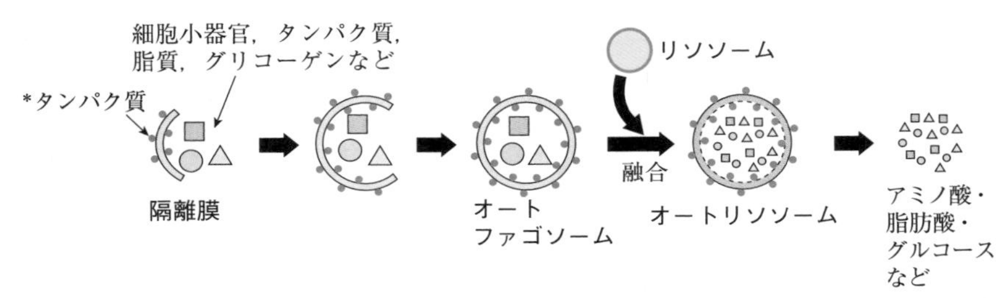

＊隔離膜の伸長，閉じるために必須のタンパク質。

オートファジーでは，何でもかんでも包み込んで分解しちゃうんですか？　それって危なくないんでしょうか？

細胞が飢餓状態に置かれた場合に起こるオートファジーは，細胞質を無差別に包み込んで分解していきます。

しかし，傷ついたミトコンドリアや異常なタンパク質などが出現した際に起こるオートファジーでは，それらを狙って分解していることがわかっています。また，細胞分裂の**分裂期**(M期)には，オートファジーが抑制されて起こらなくなっています。「染色体を分解しちゃった…，涙」なんていうことが起こらないようにしているんですね。このように，オートファジーは一定の秩序をもって起こっていることがわかっています。

オートファジーはどんな生物が行うんですか？

原核生物はオートファジーを行いません。しかし，**酵母・センチュウ・植物・哺乳類…とほとんどの真核生物でオートファジーが観察されています！**

オートファジーを行えなくした生物も作出されていて，オートファジーを行えないシロイヌナズナは老化が速く進み，マウスは発生の初期段階や出生直後に死んでしまいます。この実験で出生直後に死んでしまったマウスでは，血液中のアミノ酸量が明らかに不足しており，オートファジーができなかったことが原因と考えられます。

また，**哺乳類の受精卵から胚盤胞までの期間は，活発にオートファジーを行う**ことが知られています。何のためだと思いますか？

哺乳類の初期胚は，飢餓状態なんでしょうか？

おっ！　良い着眼点ですよ。哺乳類の受精卵が**子宮**に**着床**するまでには約1週間かかります。その間，母体から栄養を受け取れませんよね？　そこで，オートファジーにより栄養を確保しているんです！

オートファジーと人間の健康って，何か関係ありますか？

やはり，興味関心はそこですよね。オートファジーの異常がパーキンソン病の原因の1つであることがわかっています。パーキンソン病って聞いたことありますか？

パーキンソン病は，中脳にあるドーパミンを分泌するニューロン(ドーパミン分泌ニューロン)が減少し，スムーズな運動ができなくなる病気です。患者さんのドーパミン分泌ニューロンを調べると，異常なミトコンドリアが多く存在することがわかり，オートファジーとの関係性が示唆されるようになりました。そして，パーキンソン病の原因遺伝子として発見された*Parkin*が，オートファジーによる異常ミトコンドリアの分解に関わることがわかったんです。

パーキンソン病を治せる可能性もあるんですか？

実際，オートファジーを活性化する薬剤がいくつも知られていますが，ニューロンが減少して発症してしまったものを治すというのは難しいと思います。しかし，**オートファジーを活性化することで発症や進行を遅らせることは遠くない将来に可能になると考えられています。**

また，アルツハイマー病やハンチントン病などにもオートファジーの異常が関わる可能性が示されており，注目されています。

それでは，次ページの「類題にチャレンジ」に挑戦してみてください。

類題にチャレンジ 13

解答 → 別冊 p. 12

私たちの体を構成する細胞は，それぞれが正しく機能するために，必要な成分をつくり出すだけでなく，不要な，あるいは有害な物質を分解し，消去することも重要である。また，細胞が飢餓状態のときには，より積極的に細胞内の成分を分解して必要な成分の合成に再利用する。このように，細胞が自己の構成成分を分解して再利用するしくみを自食作用(オートファジー)という。

問1　オートファジーのしくみを解明し，ノーベル生理学・医学賞を受賞した研究者を次から1つ選べ。

①　大隅良典　　②　本庶佑　　③　岡崎令治　　④　利根川進

問2　オートファジーに重要なタンパク質の遺伝子を欠損した動物の作製を試みた。その動物はどうなると考えられるか，そう考えた理由とともに80字程度で答えよ。

(岡山県大・東邦大)

質問 14 ②教科書についての疑問 生物

「シャペロン」って何ですか？　いまいちよくわかりません。

A 回答　コンパクトに説明するならば**「ポリペプチドが正しい立体構造をとることを補助するタンパク質」**です。このような辞書的な説明ではわからないから質問をしてくれたと思うので，丁寧に，歴史的な部分から説明します！

1962年，ショウジョウバエの幼虫に熱ストレスを与えると新たな**パフ**が出現することがわかりました。「熱ストレスによって発現する遺伝子がある」ことの発見です。そして1974年，熱ストレスによって合成されるタンパク質が特定され，**HSP**(**H**eat **S**hock **P**rotein)と命名されました。その後，HSPは細菌にもヒトにもあることがわかり，熱ストレス以外の様々なストレス(活性酸素，アルコール，医薬品など)によっても合成されることがわかりました。

ということは，HSPによってストレスに耐えられるようになるんでしょうか？

そうなんです。例えば，大腸菌の培養温度を最適温度の37℃から急激に45℃に上げると，ほとんどの大腸菌は死滅します。しかし，37℃から42℃に変えてしばらく培養した後に45℃にすると，ほとんどの大腸菌は生き残ります。**42℃の条件下でHSPがつくられていたため，45℃という条件に耐えられた**んですね。このように，細胞があらかじめ弱いストレスを受けておくことで，強いストレスに対する耐性を獲得することを**アダプティブサイトプロテクション**(Adaptive cytoprotection)といいます。直訳すると「適応的細胞保護」という感じです。

HSPをつくれない大腸菌では，このようなストレス耐性の獲得が起きないことから，HSPにはストレスから細胞を守るはたらきがあることがわかりました。

HSPはどうやって細胞を守るんですか？

そのしくみが冒頭で説明した「ポリペプチドが正しい立体構造をとることを補助する」です！　**HSPは，変性してしまったタンパク質の立体構造を，頑張って元に戻してくれる**んですよ！

なんと！　変性したタンパク質って元に戻せるんですね！

もちろん限界はありますが，修復（フォールディング）できるんです！　一応，下図で示しておきますね。ちなみに変性したタンパク質は，そのままにしておくと凝集してしまうことが多いですね。

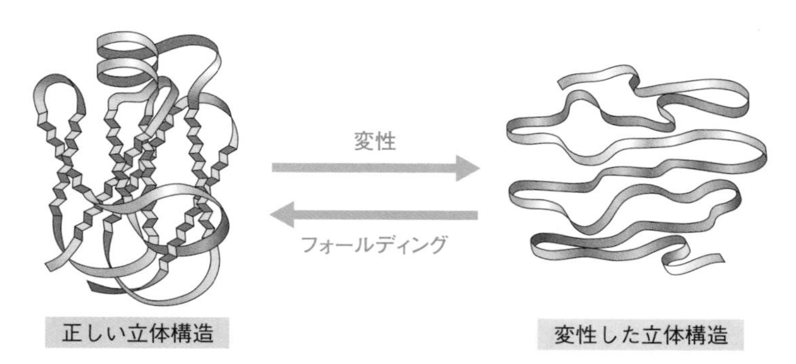

ということは，HSPは正常なタンパク質と変性したタンパク質を区別できるということですか？

その通りです！　どうやっていると思いますか？

疎水性アミノ酸が水分子から排除される傾向は，タンパク質の立体構造の形成や安定化に重要な役割を担っています。よって，**タンパク質は通常，水溶液中では疎水性アミノ酸は分子の内部に，親水性アミノ酸は分子表面に配置されるような立体構造をとります**。しかし，タンパク質が変性すると分子表面に疎水性アミノ酸が出てきてしまいます。

HSPは，分子表面に存在する疎水性アミノ酸を手掛かりに変性したタンパク質を発見し，それを内部に取り込みます。そして様々な方法で頑張って，立体構造を修復し，吐き出します！

分子表面にある疎水性アミノ酸を
手掛かりにするんですね！

HSPがはたらくようすは次ページの図のようなイメージです。

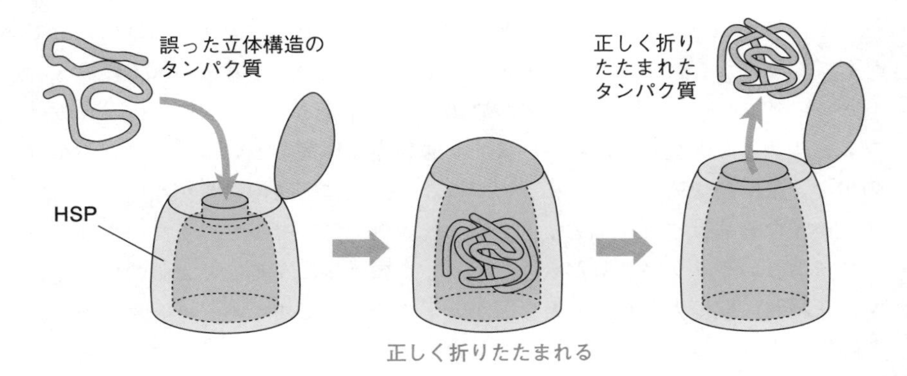

ポリペプチドが正しい立体構造をとることを補助する必要のあるシチュエーションって，変性したとき以外にどんなときがあるでしょうか？

えぇっと……？

タンパク質がつくられたときですよ！ **リボソームで翻訳されたばかりのポリペプチドを，正しい立体構造にすることを補助するはたらき**がHSPにあることがわかったんです。つくられたてホヤホヤの右も左もわからない(？)ポリペプチドを，一人前のタンパク質にするんですね。これが中世ヨーロッパのシャペロンと重なったことから，最近ではHSPを**シャペロン**と呼ぶことが多くなっています。

その，「中世ヨーロッパのシャペロン」というのは何ですか？

当然，知らないですよね。中世ヨーロッパの貴族・王族というのは，身の回りの世話をする使用人が大勢いて，お嬢様は本当に自分のことを何もやらなかった(やれなかった？)んです。からだを洗う係，話し相手をする係とかまでいたんですって。そして，そんな右も左もわからないお嬢様が社交界にデビューするとき，礼儀作法，服装などの面倒をみる女性がシャペロンです。どうですか，シャペロンとイメージが重なりませんか？

確かに，イメージが似ていますね。

さて，シャペロンの研究はどんどん進んでいて，病気の予防や治療に役立てられているし，今後，より多くの病気に応用されていくと考えられています。

タンパク質の立体構造の異常が原因となる病気はたくさんあり，一般にフォールディング病と呼ばれています。**鎌状赤血球症**などのようにタンパク質のアミノ酸配列が変わってしまうのではなく，立体構造の異常が原因です。アルツハイマー病はフォールディング病の代表例です。アルツハイマー病はβアミロイドというタンパク質が変性，凝集して繊維状になることで脳のニューロンが死滅し，記憶力や認知能力などが低下する病気です。パーキンソン病，筋萎縮性側索硬化症（ALS），ハンチントン病，クロイツフェルト・ヤコブ病，一部の白内障などもフォールディング病です。

このようなフォールディング病は有効な治療法が確立していないものが多いのですが，シャペロンを増やすことによって治療できる可能性が様々な実験で示されています。

また，皮膚のシミやシワなどの改善にもシャペロンが有効と考えられていて，シャペロンを過剰発現するマウスは，皮膚に紫外線を当ててもメラニンが合成されにくいという実験結果が出ています。

神経の病気から美容まで…。
シャペロンは本当に重要なんですね。

大学入試にも，シャペロンはよく出題されているよ。次ページの「類題にチャレンジ」を解いてみよう！

類題にチャレンジ 14

解答 → 別冊 p. 12

多くのタンパク質は水溶液中ではたらいているが，そこでは疎水性のアミノ酸と親水性のアミノ酸の分子内での配置がタンパク質の安定性に大きく影響する。しかし，細胞の中はタンパク質が密集しているために，タンパク質の変性が起きた場合に他のポリペプチドとの相互作用などにより折りたたみに不都合を生じることがある。リボソーム上でタンパク質が新規に合成される場合にも同様な問題が起きる。そのようなときに細胞内では(a)シャペロンと呼ばれる一群のタンパク質が，ポリペプチドの凝集しやすい部分に結合して正常な折りたたみを補助する。このような補助を受けても正常な立体構造をつくれなかったタンパク質は，細胞内に存在するプロテアソームというタンパク質分解酵素複合体によって分解される。実際，細胞が新たに合成するタンパク質の約 1/3 は正しい高次構造をとることができずに分解されてしまう。(b)細胞内の変性タンパク質を除去するこのようなしくみがうまくはたらかないことで様々な病気が起こることが知られている。

問 1　下線部(a)について，シャペロンは細胞を高温で処理したときに大量に発現が誘導されるタンパク質として発見された。当時はそのはたらきがわからずにヒートショックプロテインと呼ばれていた。

(1)　このときシャペロンが大量に発現する意義を簡潔に述べよ。

(2)　シャペロンはタンパク質の親水性の部分と疎水性の部分のどちらに結合しやすいか，理由とともに簡潔に述べよ。

問 2　下線部(b)について，変性したタンパク質の凝集によって引き起こされる深刻な病気に，牛海綿状脳症(BSE)がある。これは何というタンパク質によって引き起こされるか，名称を記せ。

(藤田保健衛生大)

質問 15　①身近な疑問　生物基礎・生物

酵素を食べたら，からだの中ではたらけるんですか？

A 回答　「酵素を食べる」という表現は，サプリメントなどでたまに耳にすると思います。実際には「酵素反応によって生じた物質を摂取する」という意味なんですが，カッコいいフレーズということで「食べる酵素」などと表現していることが多いんです。そもそも，酵素って何でできていたか覚えているかな？

酵素の主成分はタンパク質です！

OK！　それでは，口から摂取したタンパク質はその後どうなるかを考えてみよう。タンパク質が胃にたどり着いたらどうなるかな？

あっ！　変性しちゃいますね!!

胃液は強い酸性(pH2)でしたね。胃液は，強い酸で食物に付着している細菌などを殺すことができ，**化学的防御**に役立っています。タンパク質はpHの変化によって**変性**するので，**口から摂取したタンパク質は胃に到達すると変性し，失活してしまいます。**

さらに，胃液にはタンパク質分解酵素である**ペプシン**が含まれているので，タンパク質が分解されてしまいますね。

摂取したタンパク質がそのまま吸収されて，
はたらくことはなさそうですね。

そうですね。**摂取したタンパク質は強酸性の胃液で変性するし，ペプシンやトリプシンといったタンパク質分解酵素によって分解され，主にアミノ酸として吸収されます。**吸収されたアミノ酸は，自身の遺伝情報に従ってタンパク質を合成するための材料としてつかわれます。よって，豚肉を食べたからといって，体内でブタの酵素がはたらくわけではありません。

酵素を生で食べても，加熱して食べても一緒ですか？

「酵素は加熱したらはたらけなくなるので，生で食べよう」というキャッチフレーズも目にしますね。そもそも，酵素ははたらける形で吸収されませんからね。はたらける状態の酵素を食べた場合と，加熱して失活している酵素を食べた場合について次の図を見てみましょう！

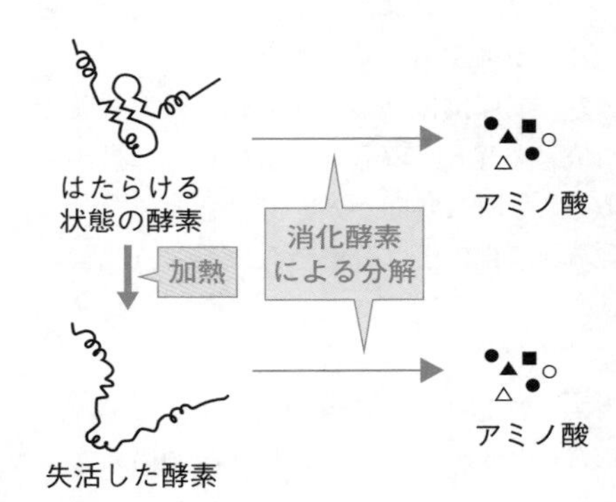

右図のように，加熱されてもタンパク質のアミノ酸配列が変わるわけではないので，消化酵素によって分解されて生じるアミノ酸は生でも加熱後でも一緒。加熱されて失活した酵素であっても，吸収される段階では同じアミノ酸になることがわかります。

以上より，**「酵素を食べても体内に吸収されてはたらくことはない」**ということと，**「加熱した酵素であっても吸収される段階では同じアミノ酸になる」**ということがわかります。

それでは，次ページの「類題にチャレンジ」を解いてみてください。

第2章　生命現象と物質

類題にチャレンジ 15

解答 → 別冊 p. 13

1 次の文を読み，空欄に入る文章として最も適当なものを下の①～⑤から1つ選べ。

アスカとシンジは，病院の待合室で薬の投与法について議論した。

アスカ：薬は錠剤みたいに口から飲むものが多いけど，考えてみると，湿布や目薬のように表面から直接だったり，注射だったり，色々な投与法があるわよね。

シンジ：糖尿病の薬として使うインスリンは注射だね。

アスカ：そうね。重い糖尿病では，毎日何度も注射しないといけないという話ね。インスリンはタンパク質の一種だから，口から飲むと ＿＿＿ からなんですって。

① 効果が強くなりすぎる

② 抗原抗体反応で無力化されてしまう

③ 分解も吸収もされずに体外に排出されてしまう

④ 吸収に時間がかかりすぎる

⑤ 消化により分解されてしまう

（大学入学共通テスト試行調査）

2 次の①～③のオタマジャクシのうち，成体に変態できるものをすべて選べ。

① 甲状腺を除去し，甲状腺刺激ホルモンを注射した。

② 脳下垂体を除去し，甲状腺刺激ホルモンを餌とともに与えた。

③ 脳下垂体と甲状腺をともに除去し，チロキシンを餌とともに与えた。

（埼玉大）

3 バソプレシンを注射すると尿量は低下するが，経口投与ではその効果はない。その理由を90字程度で説明せよ。

（東京医歯大）

質問 16 ③問題を解くための疑問 生物基礎・生物

酵素のグラフが苦手なんです・・・。

A 回答 右下図の**基質濃度と反応速度との関係**を表したグラフはとっても重要なので，完璧にマスターしちゃいましょう！

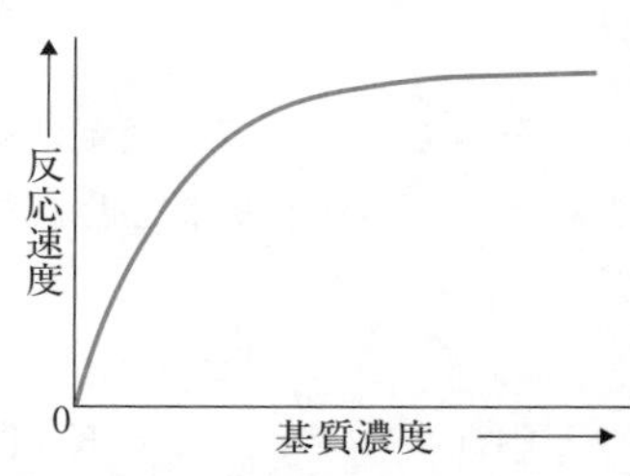

まずは，酵素のはたらきについておさえていきましょう。酵素反応は「酵素と基質が結合する段階」と「化学反応が起こり，生成物が生じる段階」の２つのステップによって進みます。逆向きの反応が起こらないとすると，次式のようなイメージになります。なお，酵素(enzyme)をE，基質(substrate)をS，**酵素－基質複合体**をES，生成物(product)をPと表記しています。

$$\mathrm{E} + \mathrm{S} \underset{V_{-1}}{\overset{V_1}{\rightleftharpoons}} \mathrm{ES} \xrightarrow{V_2} \mathrm{E} + \mathrm{P}$$

V_{-1} って何ですか？

基質が酵素に結合したけど，反応せずに離れちゃうこともあるでしょ！　その速度です。なお，上式では逆反応が(実質的に)起こらないような酵素を想定しているので，E ＋ P ⟶ ESという反応は省略しています。

さて，一般に酵素反応速度(V)は生成物の生成速度である V_2 と同じ値になり，V_2 はESの濃度に比例するので，$V = V_2 = k_2[\mathrm{ES}]$ となりますね。なお，[　]は濃度っていう意味，k は速度定数で，V_2 の速度定数を k_2 としています。反応が始まるとすぐに，一定速度で反応が進む定常状態となります。速度が一定なので，**定常状態では[ES]が一定になっています**。

[ES]が一定ということは，ESの増加速度と減少速度が等しいということですか？

その通りです。ESの増加速度は V_1，減少速度は $V_{-1} + V_2$ なので，**定常状態では $V_1 = V_{-1} + V_2$ という関係が成立している**ことになります。V_1と V_{-1} の速度定数をそれぞれ k_1，k_{-1} とすると，次の式のように表すことができます。

第2章 生命現象と物質

$$k_1[\mathrm{E}][\mathrm{S}] = k_{-1}[\mathrm{ES}] + k_2[\mathrm{ES}]$$

まだ大丈夫！　ちゃんと理解しています！

それでは，この式をちょっと変形します！

$$\frac{[\mathrm{E}][\mathrm{S}]}{[\mathrm{ES}]} = \frac{k_{-1}+k_2}{k_1}$$

右辺の k はすべて速度定数なので，右辺全体が定数であることがわかりますよね。右辺全体を K_m とおきましょう。つまり，

$$\boldsymbol{K_\mathrm{m} = \frac{k_{-1}+k_2}{k_1}}$$

ということです。この **K_m はミカエリス定数**といって，非常に重要なものなので，後で詳しく説明します。

さて，実験に用いた全酵素の濃度を$[\mathrm{E}]_{全}$とすると，酵素は酵素－基質複合体になっているか，単独で存在するかのいずれかの状態をとってるので，$[\mathrm{E}]_{全}=[\mathrm{E}]+[\mathrm{ES}]$です。よって，$[\mathrm{E}]=[\mathrm{E}]_{全}-[\mathrm{ES}]$を先ほどの式に代入すると･･･

$$\frac{([\mathrm{E}]_{全}-[\mathrm{ES}])\times[\mathrm{S}]}{[\mathrm{ES}]} = K_\mathrm{m}$$

となり，この式を一生懸命，頑張って[ES]について解くと，

$$[\mathrm{ES}] = \frac{[\mathrm{E}]_{全}\times[\mathrm{S}]}{K_\mathrm{m}+[\mathrm{S}]}$$

となります。あとひと踏ん張りです！　定常状態における反応速度(V)は，$k_2[\mathrm{ES}]$で表される($V=k_2[\mathrm{ES}]$)ので，

$$V = k_2 \times \frac{[\mathrm{E}]_{全}\times[\mathrm{S}]}{K_\mathrm{m}+[\mathrm{S}]}$$

です。さて，この右辺の $k_2\times[\mathrm{E}]_{全}$の部分は何を表すかわかりますか？

k_2 がついているので，V_2 についての何かを表しているとは思うのですが…。

そうそう，その考え方は正しい！　V_2 についての式の，[ES]の部分が$[\mathrm{E}]_{全}$になっていますね。よって，**$k_2\times[\mathrm{E}]_{全}$の部分は，すべての酵素が酵素－基質複合体になっている状態での V_2 を表しているん**です！　つまり，**反応速度の最大値**です。反応速度の最大値は V_max と表現されるので，$V_\mathrm{max}=k_2\times[\mathrm{E}]_{全}$

を用いて，先ほどの式は次のように整理することができます！

$$V=\frac{V_{max}\times[S]}{K_m+[S]}$$

この式がゴールです！　お疲れ様でした！　なお，この式は**ミカエリス・メンテンの式**という名前がついている式です。

詳しくは知らなかったのですが，この式は見たことがありました。

実際の入試問題において，この式を問題中に与えて考察させる問題も出題されていますから，そのあたりで見たんでしょうかね？

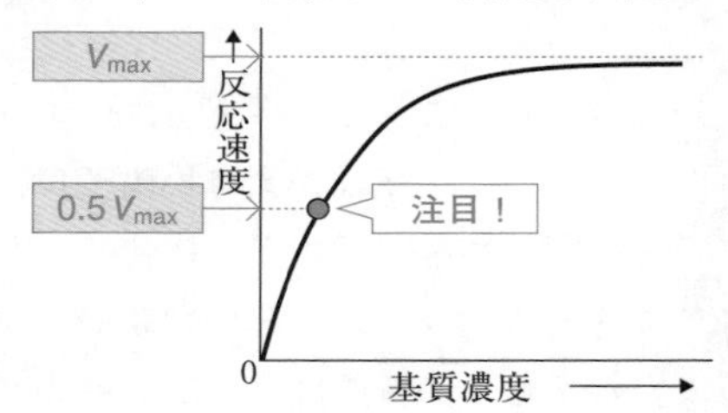

右図を使い，ミカエリス・メンテンの式をさらに分析してみましょう。

図中に●で示した点に注目します。この点の縦軸の値は $0.5\,V_{max}$ ですね。横軸の値はどのように表されるでしょうか？

ええっと…，ミカエリス・メンテンの式に $V=0.5\,V_{max}$ を代入して，[S]について整理すれば良さそうです！

完璧です！　では，[S]について整理してみましょう。

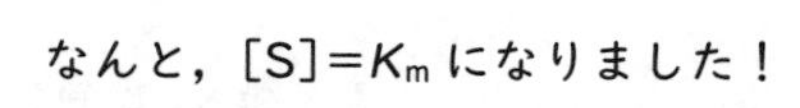

なんと，$[S]=K_m$ になりました！

いいですねぇ，正解です。この結果をまとめると**「ミカエリス定数 K_m とは，$V=0.5\,V_{max}$ となるときの基質濃度[S]である」**ということです。このグラフでは，$V=0.5V_{max}$ の点に注目することがポイントなんです。

例えば，正常酵素と変異酵素についてグラフをつくった結果が右図だとします。両者の性質にはどのような違いがありますか？

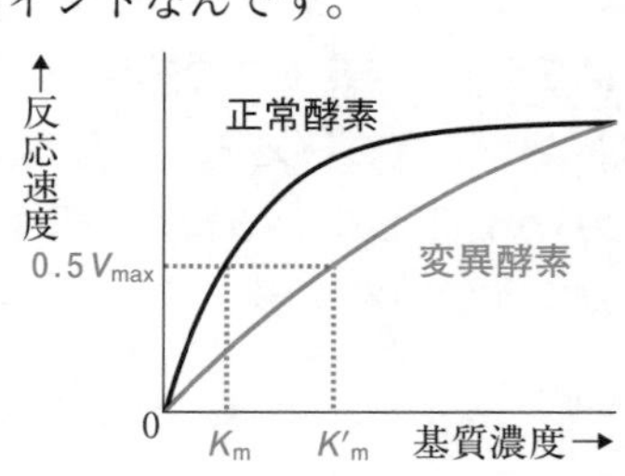

変異酵素の方が酵素としての能力が低いということはわかります。

うーん，不十分な答えです！　変異酵素であっても，[S]をものすごく高くすれば正常酵素と反応速度に差はないよね。これについて感覚的に喋ると，[S]がものすごく高くなって，すべての酵素が酵素－基質複合体になったときの反応速度は等しいんだけど，**変異酵素はすべての酵素が酵素－基質複合体という状態になりにくい**んだよ。つまり，**酵素と基質が結合しにくい！**　式で表現すると，**E + S ⟶ ES の反応が起こりにくい**んだよ。両者について K_m を比べてみてごらん。

変異酵素の K'_m の方が大きいです！

その通り。これらの事実を次のようにまとめることができます。

「K_m が大きい酵素は，基質との結合力が低い。」

この関係性を公式のように使ってグラフを分析することができるんですよ。だから，基質濃度と反応速度のグラフが出てきたら，$V=0.5\,V_{max}$ の点の横軸 K_m の大小に注目すると，酵素の性質を評価しやすくなるんです！

それでは右図を見てみましょう！　変異酵素の特徴を考えてみてください。

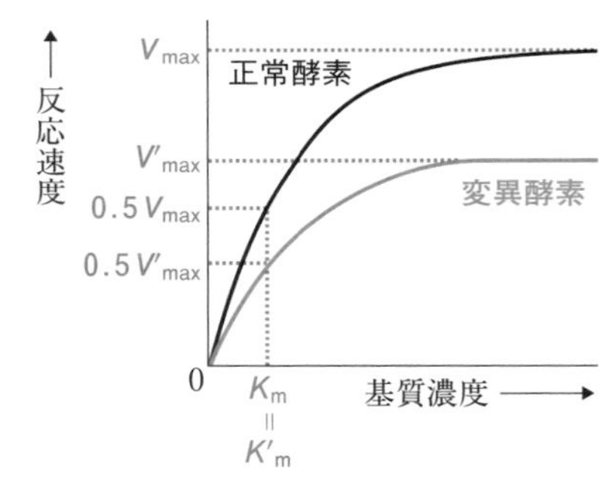

両者の K_m は同じですね。ということは，基質との結合力は変わらないんですね。

そうなんです，基質との結合力が変わらないのに，反応速度が小さくなっています。E + S ⟶ ES の速度が変わっていないわけだから，**この変異酵素は ES ⟶ E + P の速度が小さくなっている**と見抜くことができてしまいました！　言い換えると，**酵素の触媒能力（＝活性化エネルギーを低下させる能力）が低下している**ため，酵素－基質複合体になってから生成物を出すまでの効率が低いんです。

これまで何となくグラフの概形を見て，雰囲気で考察していたんですが，これでバシっと分析できそうです！

類題にチャレンジ 16

解答 → 別冊 p. 14

図1は，ある酵素濃度が一定のときの，基質濃度（[S]と示す）と反応速度（v と示す）との関係を示す。反応の最大速度を V_{max}，反応速度が $\frac{1}{2}V_{max}$ のときの基質濃度を K_M とする。この反応では，$v = \frac{V_{max}[S]}{K_M + [S]}$ という式が成り立つことがわかっている。V_{max} は基質濃度が無限のときの反応速度であり，実際の実験で直接数値を求めることが難しいため，実験で得たデータから，横軸に基質濃度の逆数 $\left(\frac{1}{[S]}\right)$，縦軸に反応速度の逆数 $\left(\frac{1}{v}\right)$ をプロットし，図2を作成した。

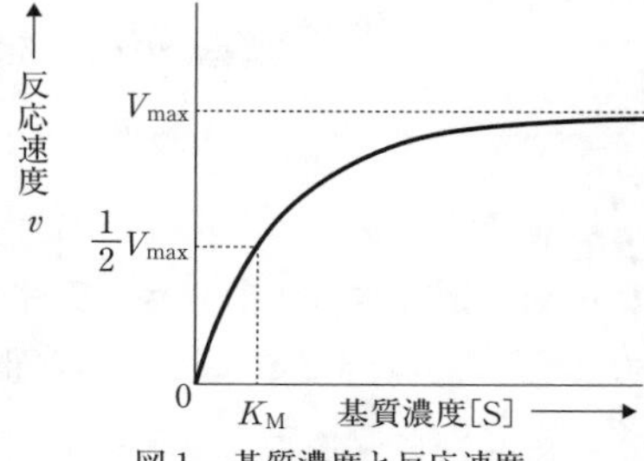

図1　基質濃度と反応速度

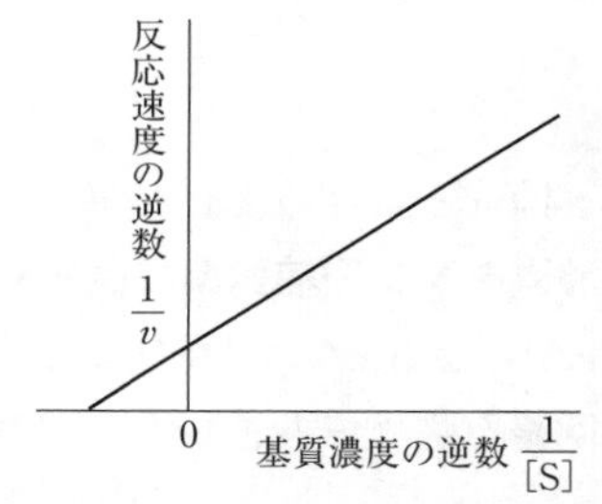

図2　基質濃度の逆数と反応速度の逆数

問1　上記の式を変形し，図2の直線の式を作成すると，

$$\frac{1}{v} = \frac{K_M + [S]}{V_{max}[S]} = \boxed{\text{ア}} \times \frac{1}{[S]} + \boxed{\text{イ}}$$

となる。この式の空欄に入る式を答えよ。

問2　競争的阻害剤を加えて反応速度を測定した場合のグラフを，図1と図2中に描き込め。

（埼玉医大）

第2章　生命現象と物質

質問 17　③問題を解くための疑問　生物

クエン酸回路は酸素をつかわないのに，酸素がなくなると止まるのはなぜですか？

A 回答　グルコースを呼吸基質とする呼吸の過程を思い浮かべると，実際に**酸素を消費するのは最後の電子伝達系だけ**であることがわかります。酸素がなくなった場合に電子伝達系が止まることは当然ですよね。さて，電子伝達系ってどんなことをする反応系でしたか？

ATP をいっぱいつくる反応系です！

間違ってはいませんが，もう１つ重要なことがあります。それは**「還元型補酵素を酸化型補酵素に戻す」**ことです。具体的にいうと，**NADH を NAD^+ に，$FADH_2$ を FAD に戻す**ことですね。これらの補酵素に注目しながら，**クエン酸回路**を眺めてみましょう。クエン酸回路のアウトラインは下図の通りです。

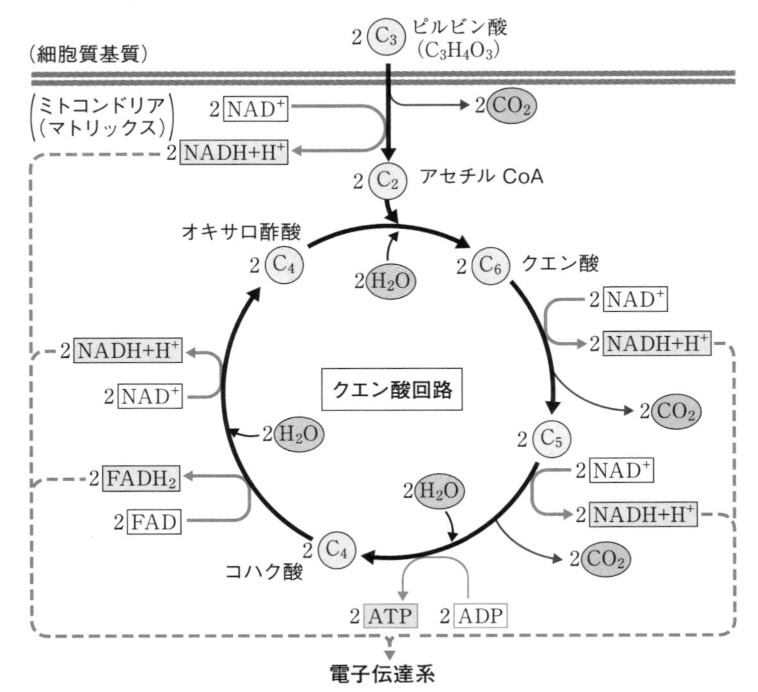

複雑な反応系ですね…。

各反応を詳しく見ていくと大変だけど，全体として眺めれば**「脱炭酸反応（CO_2 が出る反応）が3回，脱水素反応（水素原子が取れる反応）が5回」**ということがわかるよね。ということで，クエン酸回路ってどんな反応系？

脱水素して…基質を酸化して，CO_2 が出て，
ATP をちょっとつくる反応系，という感じでしょうか？

とても良い解答だと思います！　ところで，**NAD^+ と FAD はクエン酸回路で行われる脱水素反応の補酵素**ですね。よって，これらの酸化型（＝電子や水素原子を受け取っていない状態）の補酵素が不足するとクエン酸回路は止まってしまいます。以上より，酸素がないときにクエン酸回路が止まる理由は下図のようなしくみなんです。

酸素の不足 ──→ 電子伝達系が止まる
↓
酸化型補酵素が不足する ──→ クエン酸回路が止まる

クエン酸回路と電子伝達系のどちらか一方のみが，
ドンドン進むことはないんですね！

呼吸の速度は上手に調節されているんですね。例えば，**解糖系**の反応を触媒するある酵素（酵素Pとします）の活性は，クエン酸によって抑制されることが知られています。

ATP が必要になってクエン酸回路と電子伝達系が促進された場合や，**窒素同化**が活発になってクエン酸回路の中間産物の消費が促進された場合，クエン酸回路の進行が促進され，クエン酸が蓄積しなくなります。そうすると，酵素Pに対する抑制が弱まって解糖系が促進されます。つまり，**クエン酸回路がドンドン進むときには，必要なピルビン酸の供給を加速するために解糖系を促進することができる**んです。

上手に調節されていますね～！

その他の呼吸速度の調節としては，教科書にも載っている**パスツール効果**が重要です。パスツール効果は次のようなしくみにより，解糖系の速度が調節される現象です。

ATPが必要な状況，つまり細胞内の**ATPが少なくADPが多い状況**になると，ADPからつくられる**AMPによって酵素Pが活性化することで解糖系が促進**されます。

「ATPが不足しているぞ！　解糖系を急げ！」
というイメージですね。

そうそう，そんなイメージ！　酵素PはATPによって活性が低下することも知られています。よって，**ATPが必要な状況では，ATPによる抑制がなくなり，さらにAMPによって活性化する**ということです(下図のイメージ)。

よって，**細胞内にATPが高濃度で存在し，余っているような状況では，ATPによって酵素Pの活性が低下し，解糖系の進行が抑制されます**。参考までに，酵素Pはホスホフルクトキナーゼという**アロステリック酵素**です。

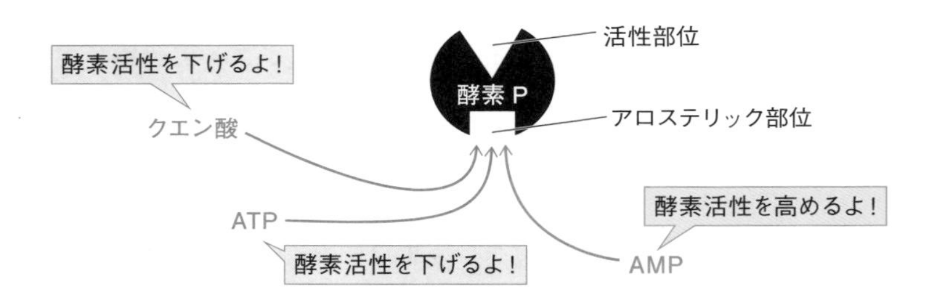

類題にチャレンジ 17

解答 → 別冊 p. 14

1 グルコース溶液中で培養している酵母に対して十分量の酸素を通気すると，エタノールの生成量が大幅に減少する。このしくみについて，80字程度で説明せよ。

(岩手大)

2 次の文中の空欄に適語を入れよ。ただし，［イ］と［エ］には酸化，還元のいずれかが入る。

コハク酸脱水素酵素の補酵素は［ア］であり，コハク酸の脱水素反応が起こると［ア］は［イ］されて［ウ］となる。［ウ］は電子伝達系で［エ］され，［ア］に戻る。

(大阪歯大)

質問 18 ①身近な疑問 生物

「ダイエットには有酸素運動が効果的」とよく聞きますが，生物学的には正しいんですか？

A 回答 **生物学的に正しい**ですよ！　一般的なダイエットの目的は，皮下脂肪などを減少させることですね。つまり，**脂肪を呼吸基質としてどんどん消費したい**ということなんです。

これについて納得するためには，脂肪を基質としてつかう呼吸のしくみの理解が不可欠です。脂肪とはどんな物質でしょうか？

脂肪はアブラです！

アブラとはまたかなり雑な表現で不正確ですね。一般的には，**生物のもつ，長鎖脂肪酸や炭化水素鎖を含む，水に溶けにくい物質の総称が脂質**です。脂質には様々な種類があり，**脂肪・リン脂質・ステロイド**などがあります。**脂肪は，1分子のグリセリンと3分子の脂肪酸が結合した物質**(右上図)で，エネルギーの貯蔵物質としてはたらきます。

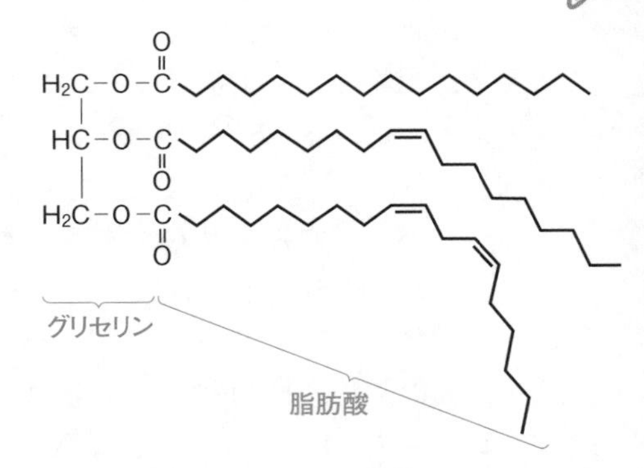

脂肪が呼吸につかわれるときは，まず，**グリセリンと脂肪酸に分解されます**。生じたグリセリンは**解糖系**に直接入ります。一方，脂肪酸はカルニチンという物質と結合することでミトコンドリアのマトリックスに輸送され，**β酸化**という反応により分解されます。**β酸化の過程で，脂肪酸はCoA(コエンザイムA)と結合しながら炭素2個分ずつに切り分けられ，アセチルCoAとなります。**

おっ，クエン酸回路のアセチルCoAですね！

第2章 生命現象と物質

その通りです。生じたアセチル CoA は**クエン酸回路**で分解されていきます。**クエン酸回路は酸素が不足すると停止してしまいます。**この理由については**質問17**で解説しましたね。

酸素が不足するとクエン酸回路が停止するので，アセチル CoA を分解できません。つまり，脂肪を呼吸基質としてつかうことができなくなってしまうんです。

激しい運動をすると，筋肉が酸素不足になることはわかりますね？

激しい運動で筋肉が酸素不足になると，
解糖が起きますもんね！

つまり，筋肉が酸素不足になるような激しい運動をしてしまうと，クエン酸回路が動かなくなって，脂肪の消費を促進することができないんです。だから，**脂肪を消費したければ，筋肉が酸素不足にならない程度の強度の運動を持続的に行うことが効果的**なんです！　ジョギングやウォーキングのイメージです。

ところで，生物の入試問題でたま～に出てくる物質なんですが，ジニトロフェノールって聞いたことがありますか？

すみません，初耳です！
ジニトロフェノールって何ですか？

大丈夫，大丈夫，覚える必要のない物質だからね。

ジニトロフェノール(DNP)には，ミトコンドリア内膜の H^+ 透過性を高める性質があるんです。**ミトコンドリアの電子伝達系では，内膜を挟んだ H^+ の濃度勾配を利用して ATP を合成**するよね。内膜が H^+ を通すようになったらどうなるかな？

H^+ が ATP 合成酵素を通らなくなっちゃいませんか !?

そうなんですよ。せっかく H^+ を膜間の側に輸送したのに，H^+ がマトリックス側に戻ってしまって，ATP 合成効率がかなり低下することになります。すると細胞は ATP 不足の状態になるため，呼吸基質の消費が促進されます。そこで，DNP は1930年代にアメリカで抗肥満薬，いわゆるダイエット薬として使われてしまったんです。

えっ？　大丈夫なんですか？

もちろん大丈夫じゃないので，すぐに抗肥満薬としての使用は禁止されました。確かにATP不足に対して細胞が大量の脂肪を消費するので，すぐに痩せることはできます。しかし，極めて非効率的にATP合成をしているので，**ATPの化学エネルギーに変換されなかったエネルギーが熱エネルギーとなり，体温が異常に上昇**し，多くのヒトが命を落としてしまったといわれています。まぁ，そもそも摂取することで，勝手に痩せていく薬なんて恐ろしくて，摂取したくない…と個人的には思いますけど，どうですか？

すごく怖いお話です…。

ミトコンドリアの電子伝達系において，電子伝達とATP合成はセットで動いています。つまり，一方の速度が低下すれば他方の速度も低下するというような関係で，このような関係を**共役**(カップリング)といいます。

しかし，DNPを投与すると**ATP合成効率は大幅に低下しますが，電子伝達は活発になり呼吸基質の大量消費が起こるので，共役している関係が崩れます**。このように，共役している反応の一方のみを駆動する作用をもつ物質のことを**脱共役剤**といいます。DNPは電子伝達系に対する代表的な脱共役剤ということです。

その後の研究によって，私たちのからだには，脱共役タンパク質というタンパク質をつくって，電子伝達とATP合成の反応を脱共役させるしくみをもつ細胞があることがわかりました。

そんな！　発熱しちゃうじゃないですか！

代表的な細胞は**褐色脂肪細胞**といって，代表的な発熱組織です。**発熱するための組織なので，脱共役させることで発熱していいんです！**

私たち大人は筋肉や肝臓で発熱して体温を維持できますが，新生児は筋肉量が少なくからだも小さいので，体温維持が難しいんです。しかし，**新生児は褐色脂肪細胞を多くもっていて，この細胞による発熱で体温を維持できている**んです。

褐色脂肪細胞は新生児にしかないんですか？

昔は新生児にしかないと思われていたんですが，現在では成人にもあることがわかっています。年齢とともに減少するらしいですが，肩甲骨の周辺や首のあたりに多く存在していますよ。

類題にチャレンジ 18

解答 → 別冊 p. 15

解糖系やクエン酸回路でつくられたNADHや$FADH_2$が電子の供与体となり，電子伝達系は作動する。電子伝達系の作動によって，ミトコンドリア内膜を挟んだ水素イオンの濃度差が形成されて，これがATP合成に用いられている。この水素イオンの濃度差が大きくなると電子の伝達が進みにくくなると考えられる。

通常の条件では，生体膜を構成する脂質二重層自体は，水素イオンをほとんど透過させない。2,4-ジニトロフェノール(DNP)という薬物は，ミトコンドリア内膜の水素イオンの透過性を大きく上昇させる作用をもっている。DNPは体重を減少させる作用があるので，過去に抗肥満薬として用いられていた(安全性の問題から，現在は使用されていない)。DNPが体重を減少させる理由を，下記の4つの語句を用いて3行(×15.5cm)以内で述べよ。

〔語句〕 電子伝達系，NAD^+，NADH，有機物の代謝

(大阪大)

質問 19　②教科書についての疑問　生物基礎・生物

「二酸化炭素吸収速度」って，「光合成速度」のことじゃないんですか？

A 回答　これは本当に多くの受験生が誤解しているポイントですね。植物が光合成をしている状況をイメージしましょう！　本当に光合成**だけ**をしていますか？

あっ！　呼吸もしています!!

そうですね！　じゃあ下の図で具体的に考えてみましょう。

CO_2 も十分にあり，温度も問題ない容器に葉が入っていて，光合成で CO_2 を 1 時間で 100mg 吸収しました。同時に行っている呼吸では CO_2 を 1 時間で 30mg 放出しました。容器内の CO_2 はこの 1 時間でどれくらい減少したかな？

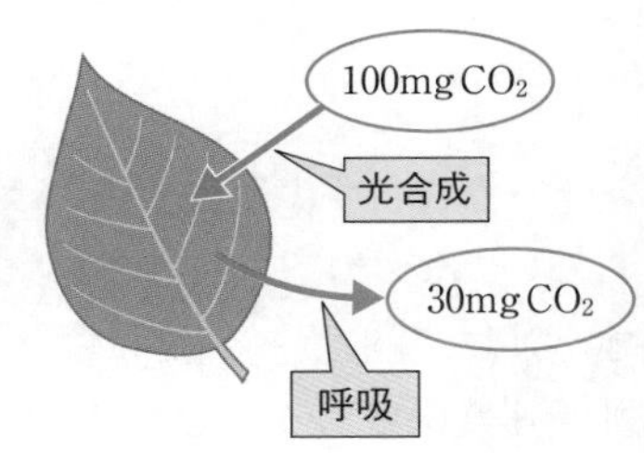

簡単～！　70mg です！

OK！　葉が 1 時間で 70mg の CO_2 を吸収したってことだよね。この『70mgCO_2/時』っていう CO_2 吸収速度って光合成速度かな？

いや，これは光合成と呼吸の差し引きですよね。

そうなんですよ！　この **CO_2 吸収速度のことを見かけの光合成速度というんです！**　ところで，植物が行っている光合成速度そのものを測定することってできますか？　生きている限り常に呼吸は行っていて，光合成だけを行っているという状況はないので，**測定される結果というのは見かけの光合成速度**になりますね。

見かけの光合成速度の問題をよく間違えてしまうんです。何が原因なんだろう・・・。

限定要因についての理解が不十分なことが原因になることが多いね。限定要因について確認してみよう。

光合成速度は「光の強さ」・「温度」・「CO_2 濃度」といった外的要因の影響を受けますね。**これらの要因のうちで最も不足しているものが限定要因**です。そして，**光合成速度は，基本的に，限定要因の変化に依存して変化する**んです！　ここがポイントです。

例えば，光が弱くて「光の強さ」が限定要因の状況で，CO_2 濃度を高めていっても・・・？

光合成速度は大きくならないです!!

そうなんです。限定要因ではない条件を改善しても，光合成速度は大きくならないんですよ！　これに対して，**呼吸速度は「温度」に依存して変化します**。逆に，「温度」が変わらなければ「光の強さ」や「CO_2 濃度」を変えても呼吸速度は変わりませんが，「温度」を（最適温度以下の範囲で）高くすれば呼吸速度は大きくなります。例えば下図のように，「光の強さ」が限定要因になっている植物に対して「温度」を高くする実験をしたとしましょう。

「温度」が限定要因ではないので，光合成速度は変わらないね。でも，呼吸速度が大きくなるんだ。ということは，CO_2 吸収速度はどうなるかな？

CO_2 吸収速度は見かけの光合成速度だから，
「光合成速度－呼吸速度」ですよね。よって，
呼吸速度が大きくなった分だけ小さくなります！

素晴らしい!!　それでは，「類題にチャレンジ」に取り組んでみよう。

類題にチャレンジ 19

解答 → 別冊 p. 16

一定の温度(15℃)，二酸化炭素濃度のもとで植物Xの葉を採取し，二酸化炭素吸収速度と光の強さとの関係を調べたところ，右図のようになった。

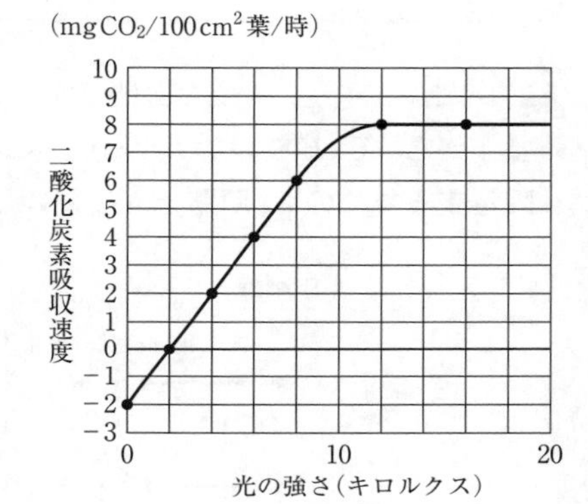

問1　8キロルクスでの光合成速度は，4キロルクスでの光合成速度の何倍か。

問2　6キロルクスでの限定要因は何か。

問3　2キロルクスで温度を光合成や呼吸の最適温度に近い25℃に変えた場合，二酸化炭素吸収速度はどのように変化すると考えられるか。110字程度で説明せよ。

(神戸薬大)

C_4 植物が乾燥に強いのはなぜですか？

A 回答 非常に重要な質問です！ **C_4 植物**の光合成のしくみは理解できていますか？ C_4 植物は**カルビン・ベンソン回路**の他に，**二酸化炭素を効率よく固定するための C_4 回路**をもっているんです。反応の流れは下図の通りです。

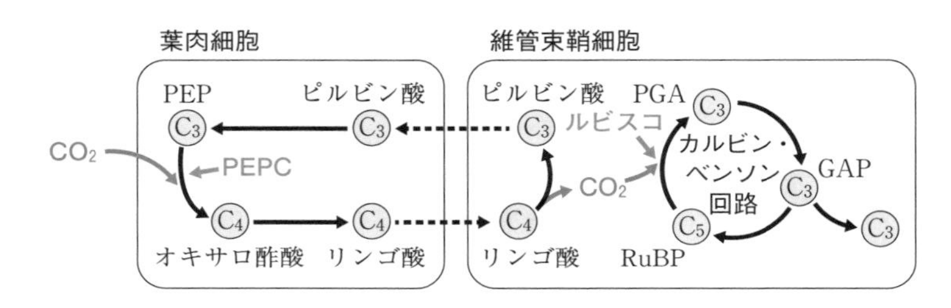

ややこしそうだったので，
ちゃんと勉強したことがないんです…。

そういう学生さんは少なくないですね。まず，熱帯地方をイメージしてみましょう。気温も高くて，光も強いですね。そういう環境においては，**光合成速度は CO_2 を固定する速度に律速されます**。律速というのは，全体の中で最も速度が小さくて「足を引っ張っている」というイメージです。

律速している段階(律速段階)の速度を改善すれば，光合成全体の速度が改善します。よって，**CO_2 濃度を高められれば，熱帯地方での光合成速度をより大きくすることができる**ということです。

そこで C_4 回路なんですね！

その通りです！ **葉肉細胞で行われる C_4 回路**において，CO_2を固定する反応を触媒する酵素はPEPC(ホスホエノールピルビン酸カルボキシラーゼ)といい，ビックリするほど活性が高い酵素です。それに引き換え，**カルビン・ベンソン回路のルビスコは非常に活性の低い酵素**なんです。

PEPCは極めて効率的に CO_2 とPEP(ホスホエノールピルビン酸)から**オキサロ酢酸**を合成します。**オキサロ酢酸はさらにリンゴ酸に変換され，カルビ**

ン・ベンソン回路の行われる維管束鞘細胞に送り込まれます。送り込まれたリンゴ酸は CO_2 とピルビン酸に分解され，ここで生じた CO_2 がカルビン・ベンソン回路でつかわれます。

リンゴ酸が葉肉細胞からどんどん送られてきて CO_2 を生じるので，**維管束鞘細胞内の CO_2 濃度が高まります**。なんと，葉肉細胞と比べて維管束鞘細胞の CO_2 濃度は約20倍にもなるんです！

CO_2 濃度が高まって「RuBP＋CO_2 → 2PGA」の反応速度が大きくなり，光合成速度も大きくなるんですね。

なお，**C_4 回路において，ピルビン酸から PEP を合成する反応で ATP をつかいます**。よって，気温が低いなどの C_4 回路をもつメリットの少ない条件では，通常の C_3 植物よりも生育が不利になるという側面もあります。

さて，いよいよ質問に答えていきたいと思います！　植物が光合成で用いる CO_2 はどこから取り込みますか？

主に気孔から取り込みます！

正解！　しかし，**気孔は蒸散の場でもあるので，CO_2 を取り込むために気孔を大きく開くと蒸散によって多くの水を失うことになります**。ジレンマですね。

気孔における CO_2 の取り込み速度は，基本的に「気孔開度」(気孔の開き具合)と「気孔内外の CO_2 濃度差」によって決まります。

C_4 植物では，葉肉細胞が**細胞間隙**(葉の内部の隙間の部分)から PEPC によって効率的に CO_2 を吸収するので，細胞間隙の CO_2 濃度が低くなります。すると「気孔内外の CO_2 濃度差」が大きくなるので，CO_2 が取り込みやすくなりますね。結果として，**C_4 植物は気孔開度を小さく保ったままで十分に大きな速度で CO_2 を取り込むことができるので，蒸散を抑制しながら活発な光合成を行うことが可能**になります。これが「C_4 植物が乾燥に強い理由」です！

なるほど！　納得できました！

乾燥に強いとはいえ，ちゃんと水やりをすることで収穫量が多くなることは言うまでもありません，念のため。

類題にチャレンジ 20

解答 → 別冊 p. 16

1 次の各問いに答えよ。

問1 次の植物の中から C_4 植物を2つ選べ。

イネ，トウモロコシ，エンドウ，コムギ，サトウキビ，ホウレンソウ

問2 C_4 植物が C_3 植物に比べて少ない水でも生育可能な理由を，60字程度で説明せよ。

問3 大気中の CO_2 濃度が現在よりはるかに高くなった場合，C_4 回路をもたない方が，代謝の観点から生存に有利であると考えられる。その理由を80字程度で説明せよ。

(京都大)

2 光合成は環境の影響を受ける。図1は光合成速度と二酸化炭素濃度との関係，図2は光合成速度と温度との関係を示している。

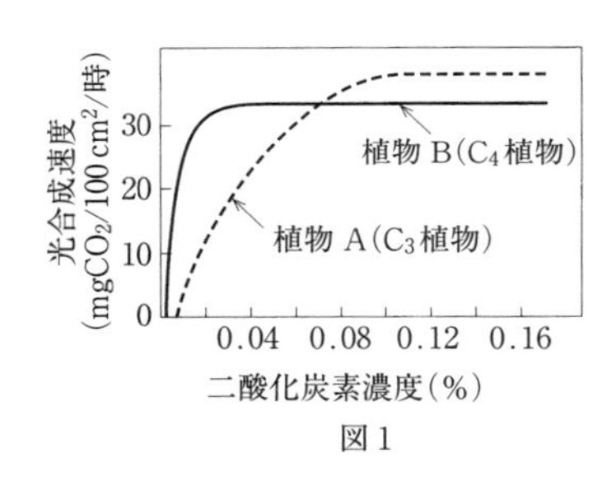

図1

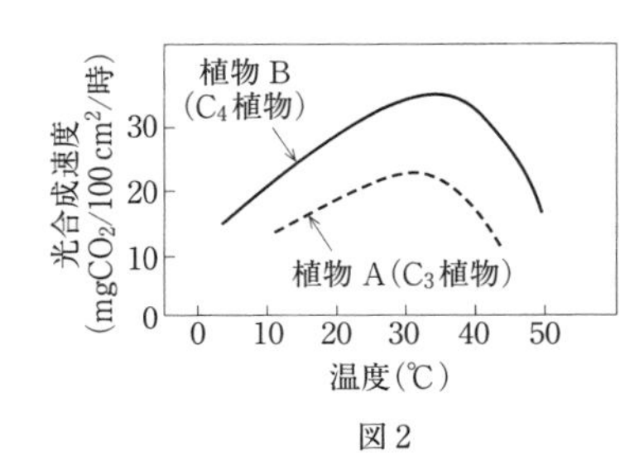

図2

大気中の二酸化炭素濃度と気温は年々上昇し，今世紀末には現在と比べて二酸化炭素濃度は約2倍に，気温は西日本で夏季(6月から8月)に約2.6℃上昇するという予測がある。このような変化が生じたとき，植物A(C_3 植物)と植物B(C_4 植物)を松山市で6月に栽培したとする。これら植物の光合成速度は現在と比べてどのように変化するか，予測できることをそれぞれについて100字程度で述べよ。ただし，現在の松山市の6月の月平均気温は22.0℃であり，上記以外の環境条件は同じであるものとする。

(愛媛大)

質問 21 ①身近な疑問 生物

鎌状赤血球症ってよく問題で見かけるんですが，どういう病気なんですか？

A 回答 ヒト(成人)の**ヘモグロビン**はαグロビンというポリペプチドが2本，βグロビンというポリペプチドが2本からなる4量体のタンパク質です。教科書では**四次構造**をとるタンパク質の代表例として紹介されていますね。

鎌状赤血球症(鎌状赤血球貧血症)は，βグロビン遺伝子の1カ所で起きた塩基の**置換**が原因で発症する遺伝性疾患です。下図のように，**鋳型鎖**のTがAに置換し，6番目のアミノ酸を指定する**コドン**がGAGからGUGに変わっています。その結果，**指定されるアミノ酸がグルタミン酸からバリンに置換し，タンパク質の立体構造が変わり，赤血球の変形とともに貧血症が引き起こされます。**

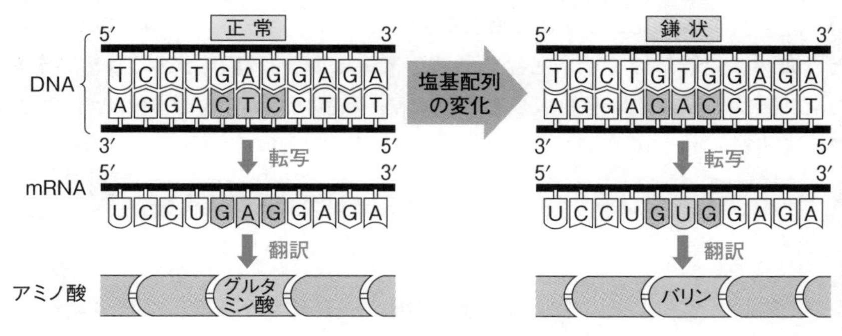

グルタミン酸がバリンになると，どうして貧血になるんですか？

グルタミン酸とバリンの構造式(下図)を見てください。グルタミン酸は側鎖にカルボキシ基がある**酸性アミノ酸で，通常は負に帯電しており，分子表面で安定に存在**しています。一方，バリンは側鎖が炭化水素で**疎水性アミノ酸であり，水との親和性が低く，分子表面では不安定**になります。

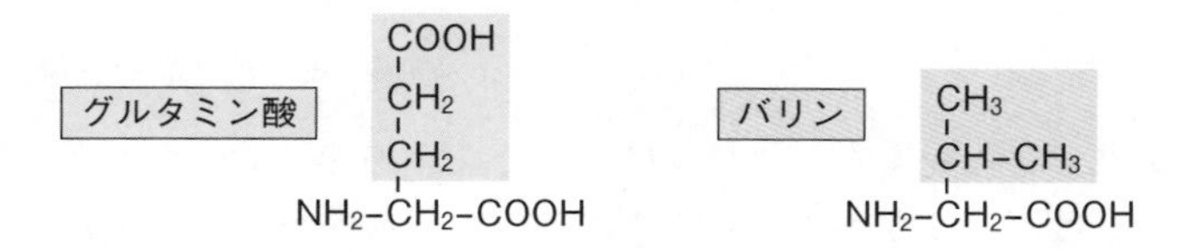

ヘモグロビンが酸素を解離すると，βグロビンの立体構造が変化し，6番目のアミノ酸(バリン)が分子表面に出てきます。そうすると困ったことになります。疎水性の物質どうしは親和性が高いので…，

もしかして，βグロビンどうしがくっつく!?

素晴らしい！　その通りなんです。その結果，下図のようにヘモグロビンがどんどんつながって鎖状になってしまいます。

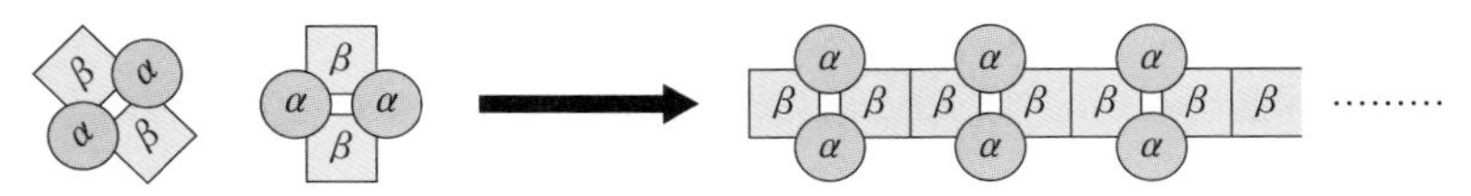

注：図中の$\boxed{\beta}$は変異βグロビン

ヘモグロビンがつながってできたこの繊維はかなり硬いんです。この繊維によって赤血球が変形し鎌状になってしまいます。通常の赤血球は円盤状で柔らかく，クネクネと変形しながら**毛細血管**を通っていきます。一方，**鎌状になった赤血球は変形しにくく，血栓を形成して毛細血管を詰まらせてしまいます**。また，**鎌状の赤血球は溶血しやすい**ことや，**脾臓で壊されやすい**ことも知られています。

「ヘテロ接合体のヒトは大丈夫」
って聞いたことがあります。

ヘテロ接合体のヒトの赤血球では，正常βグロビンと変異βグロビンの両方がつくられ，どちらもヘモグロビンの合成につかわれます。その結果，正常βグロビンのみをもつヘモグロビン(下図①)，正常βグロビンと変異βグロビンをもつヘモグロビン(下図②)，変異βグロビンのみをもつヘモグロビン(下図③)の3種類がつくられます。

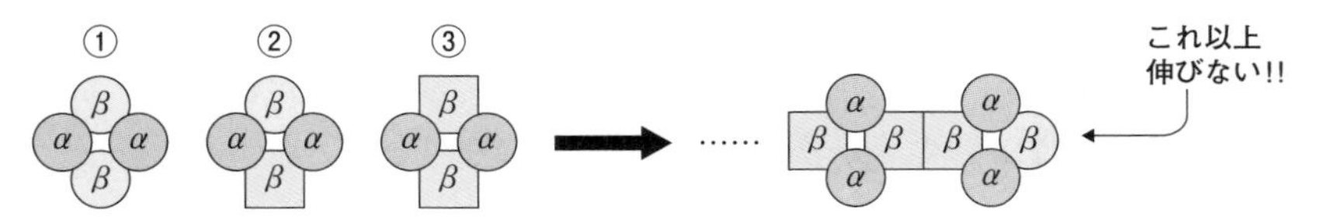

注：Ⓑは正常βグロビン

正常βグロビンと変異βグロビンは結合しないので，②のヘモグロビンが結合するとそれ以上は伸びなくなります。つまり，**ヘテロ接合体のヒトの赤血球**

ではヘモグロビンが長い繊維をつくりにくいんです。結果として，ヘテロ接合体のヒトは通常の生活をしている上では，貧血症は発症せずにすみます。

通常の生活というと？

高地で生活したり，激しい運動をしたりというような，低酸素状態になる生活をしなければ…，ということです。

ここまでの話を聞くと，鎌状赤血球症の原因遺伝子は生存に不利な貧血を引き起こす遺伝子なので，集団から排除されるように思えます。

そうですよね。しかし，アフリカや東南アジアなどの**マラリアの流行地域では，比較的高頻度で存在している**ことが知られています。その原因として，**鎌状赤血球症のヘテロ接合体のヒトはマラリアが重症化しにくい**ことが知られています。

どうして重症化しにくいんですか？

マラリアは**マラリア原虫**という真核単細胞生物によって引き起こされ，腎不全などによって死に至る可能性のある病気です。エジプトのツタンカーメンの死因もマラリアだったと考えられています。マラリア原虫はハマダラカという蚊によって媒介されることが知られています。ハマダラカによってマラリア原虫が体内に入ると，赤血球内で増殖します。しかし，**鎌状赤血球症の原因遺伝子をもつヒトの赤血球にマラリア原虫が入ると，すぐに溶血したり脾臓で破壊されたりするのでマラリア原虫が増殖できません**。結果として，鎌状赤血球症のヘテロ接合体のヒトの体内では増殖しにくくなり，重症化しにくいんです。

貧血になりやすいけど，マラリアが重症化しにくい…。複雑ですね。

マラリア蔓延地域で考えると，鎌状赤血球症のホモ接合体のヒトは重症の貧血になってしまうし，かといって正常遺伝子のホモ接合体のヒトはマラリアが重症化するリスクが高いです。つまり，**ヘテロ接合体のヒトの適応度が最も大きくなるという状況が生じる場合があります**。結果として，鎌状赤血球症の遺

伝子が淘汰されず，集団内に残り続けることになったんです。

理屈は理解できるんですが，
マラリアや貧血で亡くなるヒトが多いのは辛いですね。

マラリアの予防という観点では，1976年にWHO(世界保健機関)が「5年以内に**マラリアワクチン**をつくろう！」と目標を掲げました。そして2019年に，ようやくアフリカのマラウイでワクチン接種が始まりました。このワクチンがどの程度有効なのかを調べるとともに，さらに良いワクチンの開発も期待されています。現状としては蚊に刺されないようにすることが非常に重要です。よって，殺虫剤や虫よけスプレーの使用，夜間は蚊帳の中で寝るなどの徹底も重要です。また，有効なマラリア治療薬は多く存在しています。しかし，**薬剤耐性のマラリア原虫の出現**が報告されており，問題となっています。

一方，鎌状赤血球症に対する治療法も開発されていて，貧血の管理や症状の緩和が可能になっていますよ。

でも，なんとなく「遠いアフリカの病気」
というイメージです。

いやいや，近年の日本でも，海外からの帰国者でマラリア原虫に感染していたというヒトが毎年100人ほど報告されているそうです。トンチで有名な一休さんこと一休宗純の死因もマラリアです。また，明治36年(1903年)には年間20万人もの患者が確認されていたそうです。

さらに，今後，地球温暖化が進んでハマダラカの生息域が変化する可能性もあるので，他人事とは言い切れませんね。

それでは，次ページの「類題にチャレンジ」に挑戦してください。

類題にチャレンジ 21

解答 → 別冊 p. 18

1 鎌状赤血球症の原因遺伝子は貧血症を引き起こし，ヒトの生存に不利に作用すると思われるが，アフリカ西部などでは淘汰されずに維持されている。その理由を60字程度で説明せよ。

（岩手大）

2 突然変異の一つに遺伝子突然変異があり，それは塩基配列の変化として塩基の置換のほか，塩基の欠失や挿入が含まれる。たとえば，ヘモグロビンを構成するβ鎖の遺伝子で，塩基TがAに置換した突然変異をもつヒトがいる。この遺伝子のmRNAでは6番目のコドンがGAGからG［ア］Gへ変わるために，翻訳されるポリペプチドの6番目の［イ］がグルタミン酸からバリンに変わる(異常ヘモグロビン)。この異常遺伝子をホモにもつヒト(ホモ接合体)は，赤血球が鎌状に変形し，重症の貧血症を起こす(鎌状赤血球症)。一方，この遺伝子をヘテロにもつヒト(ヘテロ接合体)は，通常の日常生活は営めるが，低酸素状態では鎌状赤血球の割合が増加して貧血症になる。

問1　文中の空欄に入る適切な語句と記号を答えよ。

問2　アフリカのある地域では，成人における異常遺伝子頻度が0.2に維持されている。この地域の出生段階におけるヘテロ接合体の割合は理論上何％になるか。ただし，この地域においてβ鎖遺伝子の遺伝子型が交配に影響しないものとする。

問3　マラリア原虫に感染しているかどうかを，被験者の赤血球をアクリジンオレンジ染色することで調べられる理由を簡潔に説明せよ。ただし，アクリジンオレンジ染色は細胞核を緑色に染色する染色法である。

（慈恵会医大・早稲田大）

質問 22

③問題を解くための疑問

生物

DNAを制限酵素で切る計算問題で，$\frac{1}{4}$を何回も掛けるのはなぜですか？

A 回答 遺伝情報についての定番計算問題ですね。具体的な問題を使って解説していきます。

> **例題1** ある土壌細菌のゲノムDNAを制限酵素*Bam*HⅠで切断した場合に生じるDNA断片数を推定せよ。なお，*Bam*HⅠは下図のような6塩基対を認識して特異的に切断する。また，この細菌のゲノムDNAがランダムな塩基配列をもつ5.0×10^6塩基対からなると仮定し，$2^{10} \fallingdotseq 10^3$と近似してよい。
>
> *Bam*HⅠ
>
> 5′-・・・・・G|G A T C C・・・・・-3′
>
> 3′-・・・・・C C T A G|G・・・・・-5′
>
> （関西大）

さて，設問文にある「ランダムな塩基配列をもつ」という表現の意味はわかるかな。

A，T，G，Cがランダムに並んでいる，ということですよね。

う～ん，惜しい！ **4種類の塩基が同じ割合で（＝25%ずつ）存在していて，その配列がランダム**という意味です。**「25%ずつ」という部分が$\frac{1}{4}$を何回も掛ける計算に繋がる**んですよ。

では，問題の土壌細菌のDNA中の任意の6塩基対（下図の◯の部分）を考えてみましょう。

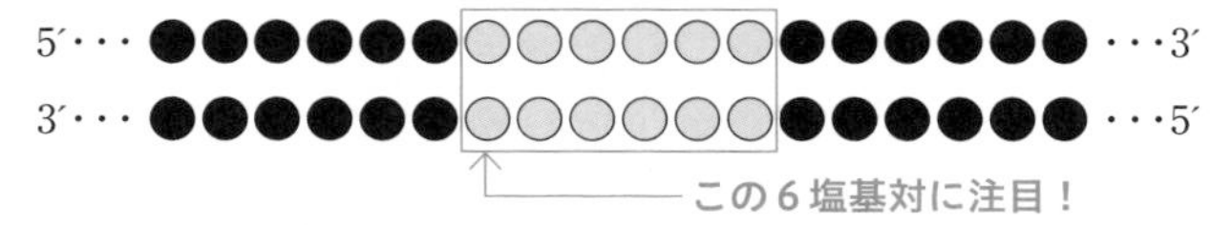

この部分が**偶然，制限酵素*Bam*HⅠの認識配列になっている確率**を計算しましょう。注目している6塩基対の左端の塩基対について，上側の鎖の塩基がGになっている確率は求められますか？

ランダムな塩基配列なので，$\frac{1}{4}$ です！

その通り！　同じように，左から２番目がＧになる確率，３番目がＡになる確率…，そして，６番目がＣになる確率もすべて $\frac{1}{4}$ です。よって，上側の鎖について，5´末端側から順にGGATCCと並んでいる確率は，

$$\left(\frac{1}{4}\right)^6=\frac{1}{4^6}=\frac{1}{2^{12}}\fallingdotseq\frac{1}{2^2\times10^3}=\frac{1}{4\times10^3}$$

となります。

「１文字目がG」かつ「２文字目がG」かつ…，の確率ですね！

このように任意の６塩基対が *Bam*HＩで切れるかどうかを，下図のように１塩基ずつずらしながらチェックしていきましょう！

5´… ●●●●●●○○○○○○●●●●●● …3´
3´… ●●●●●●○○○○○○●●●●●● …5´
次はこの６塩基対に注目！

この細菌のDNAは 5.0×10^6 塩基対ですから，グルっと１周，5.0×10^6 箇所について *Bam*HＩで切れるかどうかをチェックするんです。この場合に切断できる場所が何回出てくると期待できるかを求めてみましょう。

切断できる配列が出てくる確率が約4000分の１で，チャンスは500万箇所あるんですから，$\frac{1}{4\times10^3}\times5.0\times10^6\fallingdotseq1.3\times10^3$ 箇所で切断されることになります。

よって，このDNAから**約 1.3×10^3 個の断片が生じる**と推定できました！

$2^{10}\fallingdotseq10^3$ がなかったら面倒でしたね。

まれに $2^{10}\fallingdotseq10^3$ の近似が問題中に与えられていないこともあります。そのときは，**有効数字や小数点以下どこまで求めるかなどを踏まえ，頑張って計算する必要があるのか，勝手に近似させても影響ないのかを判断する**必要があります。

せっかくなので，同じパターンの問題にもう１回チャレンジしてみよう！

例題 2 ヒトゲノムはおよそ3.0×10^9塩基対であり，これに対してPCR法を行う場合，プライマーが結合する可能性のある塩基数は二本鎖合わせて6.0×10^9塩基である。仮に，ヒトゲノムとプライマーの塩基配列がそれぞれランダムな配列であったとすると，16塩基のプライマーが結合する場所はヒトゲノムに何カ所あるか。その数値として最も適当なものを次の①～⑥のうちから１つ選べ。ただし，必要に応じて$2^{10}\fallingdotseq10^3$の近似を用いて計算してよい。

① 1.5　② 3.0　③ 6.0　④ 10　⑤ 15　⑥ 30

（玉川大）

この問題も同じパターンなんですね。

そうなんですよ！　いま，**PCR法**のためにつくった16塩基の**プライマー**があるんですね。このプライマーと相補的な塩基配列が出現する確率を求めてみましょう。

「１番目が相補的」かつ「２番目も相補的」かつ，…，「16番目も相補的」となる確率なので，$\left(\frac{1}{4}\right)^{16}\fallingdotseq\frac{1}{4.0\times10^9}$ですね。チャンスは何回ありますか？

ヒトゲノムが30億塩基対で，二本鎖のどちらにも結合する可能性があるから，チャンスは60億塩基について考えるんですね。

その通りです！　よって，求める数値は$\frac{1}{4.0\times10^9}\times6.0\times10^9=1.5$カ所となります。つまり，16塩基のプライマーを用いてヒトゲノムに対してPCR法を行ったとすると，**本来結合させたい部位以外にも偶然結合する場所が1.5カ所ある**んです。そうすると，**増幅させたい場所とは別の場所でDNA合成反応が起きてしまう**ので，PCR法がうまく行えません。よって，**もう少し長いプライマーを作る必要がある**ということになりますね。

確かに！　PCR法では，狙った場所以外の場所にプライマーが結合してはいけないですもんね！

類題にチャレンジ 22

解答 → 別冊 p. 19

キイロショウジョウバエのゲノムサイズは，およそ1.2×10^8 bp(塩基対)である。ある制限酵素は下図のような6塩基対の配列を認識して切断する。

5′ —— GGATCC —— 3′
3′ —— CCTAGG —— 5′

この制限酵素の認識配列は，理論的にはキイロショウジョウバエのゲノム全体に何箇所あると予想されるか。最も近いと考えられる値を次の①～⑥から選べ。ただし，キイロショウジョウバエのゲノム中に含まれる4つの塩基の比率は同じであるとする。

① 5.86×10^4　② 2.93×10^4　③ 1.46×10^4
④ 5.86×10^3　⑤ 2.93×10^3　⑥ 1.46×10^3

(杏林大)

質問 23 ②教科書についての疑問◆ノーベル賞◆ 生物

緑色蛍光タンパク質って何がスゴイのですか？

A 回答 **緑色蛍光タンパク質**(green fluorescent protein, **GFP**)は，1962年に**下村脩**先生によって**オワンクラゲ**(*Aequorea victoria*；右の写真)から発見されたタンパク質で，**青色光や紫外線**を吸収することで**緑色の蛍光**を発する性質をもちます。Victoria はローマ神話の勝利の女神で victory の語源にもなっています。カッコいい**学名**ですね！　下村先生は2008年のノーベル化学賞を受賞しています。

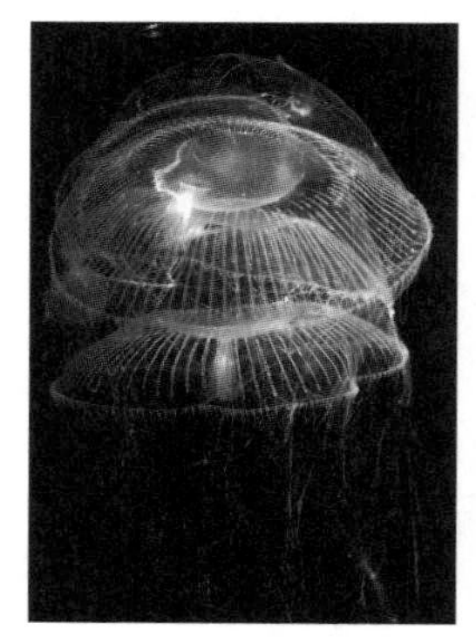

GFP の中には「セリン－チロシン－グリシン」という配列の部分があり，この部分が特殊な構造をつくることで蛍光を発する部位(発色団)をつくっています。オワンクラゲの体内では，Ca^{2+} 濃度の上昇によってイクオリンというタンパク質が青色光を出し，この光エネルギーを吸収した GFP が緑色蛍光を発することがわかっています(下図)。

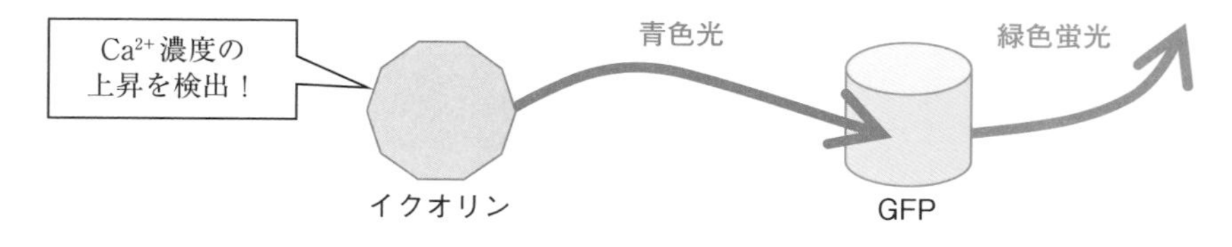

このしくみをみると，GFP がエネルギーを吸収しやすい波長の光を照射すれば，GFP から緑色蛍光が出ることも納得できますね！

発光のしくみは理解したんですが，
ホタルの発光などとは違うんですか？

とても良い質問です！　ホタルの発光は酵素反応による発光なので，発光させるためには基質を加える必要があります。しかし，**GFP は光エネルギーを吸収して自らが発光するので，基質を加える必要がない**んです。両者のこの差は非常に大きいんですよ。

それでは GFP がどんなふうに応用されているかについて，代表的なものを3つ紹介します。

(1) レポータータンパク質としての利用

特定の遺伝子がどの細胞で，どのタイミングで発現するかを調べるために用いるタンパク質をレポータータンパク質，その遺伝子はレポーター遺伝子といいます。例えば，下図のようにインスリンの**転写調節領域**や**プロモーター**に *GFP* 遺伝子を連結した人工遺伝子を作り，これを導入した遺伝子組換えマウスを作ったとしましょう。このマウスにおいて，GFP はどこでつくられますか？

転写調節領域とプロモーターがインスリン遺伝子のものだから，インスリンが発現する細胞で，同じように発現するんですか？

その通りです。このマウスでは，**血糖濃度が上昇したときにランゲルハンス島 B 細胞で GFP がつくられ，緑色蛍光を発します**。インスリンをつくらない皮膚の表皮細胞や骨格筋細胞などでは緑色蛍光は観察されませんね。

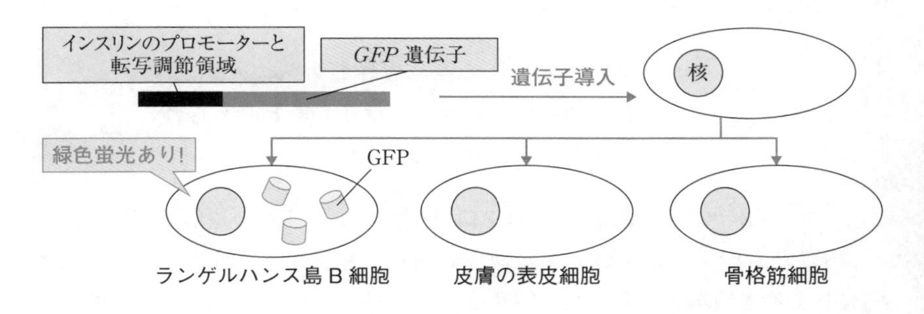

遺伝子発現について不明の遺伝子 X について上と同様の実験をした場合，組織Aのみで緑色蛍光が観察されれば，「遺伝子 X は組織Aで特異的に発現する遺伝子である」ということがわかります。

遺伝子発現のようすが見てわかるなんてスゴイですね。

(2) タンパク質の可視化

(1)で，遺伝子発現について調べるために GFP が使われることを説明しました。そうしたら，次には「合成されたタンパク質がどこではたらいているのかを調べたい！」となりますよね。

タンパク質を可視化できれば，「タンパク質が細胞のどこではたらくか」，「タンパク質が細胞内でどのように動いているのか」などを知ることができるよね。そこで，調べたいタンパク質(標的タンパク質)の遺伝子に*GFP*遺伝子を連結した融合遺伝子をつくり，これを導入した**遺伝子組換え生物**をつくります(下図)。

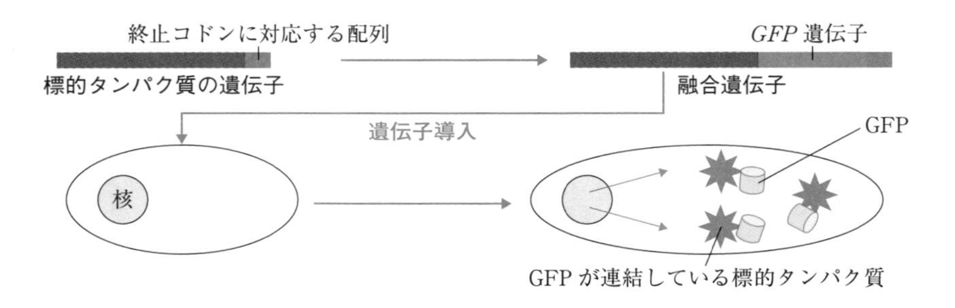

例えば，マウスの遺伝子 X に *GFP* 遺伝子を連結させ，つくられた融合遺伝子を導入した遺伝子組み換えマウスを調べたところ，皮膚の細胞の細胞膜から緑色蛍光が観察されたとします。

遺伝子 X からつくれられるタンパク質は，皮膚の細胞の細胞膜ではたらくと考えられますね！　これはスゴイ!!

シロイヌナズナ(**長日植物**)の**フロリゲン**である **FT** の遺伝子(*FT* 遺伝子)に *GFP* 遺伝子を連結させて，同様に遺伝子組換え植物を作ったとします。長日条件で栽培すると，葉で緑色蛍光が観察され，その後，師管，さらに芽(茎頂分裂組織)で緑色蛍光が観察されます。

葉で発現することだけでなく，師管を通って芽に行くこともわかりますね！　スゴイスゴイ!!

(3)　タンパク質どうしの相互作用の分析

GFP の発見がきっかけとなり，他の生物からも別の蛍光タンパク質が発見されたり，様々な蛍光タンパク質が開発されたりしました。複数種類の蛍光タンパク質を用いると，タンパク質どうしの相互作用を分析できます。

「タンパク質どうしの相互作用」というのは何ですか？

例えば「タンパク質Aは単独でははたらかず，タンパク質Bと結合するこ

とではたらく」というようなイメージです。(**2**)の手法ではタンパク質Aがどこにあるかはわかりますが，どのようにはたらいているかについてのイメージはつかめないでしょ？

紫外線を吸収したGFPは緑色蛍光を出しますよね。でも，そのすぐ近くに黄色蛍光を出す蛍光タンパク質(YFP)があった場合…

もしかして，黄色蛍光が出るんですか？

そうなんです。GFPからYFPにエネルギーが移動して，YFPから黄色蛍光が出るんです！　両者が離れていると，エネルギーがYFPに移動しないので，緑色蛍光が観察されます(下図)。

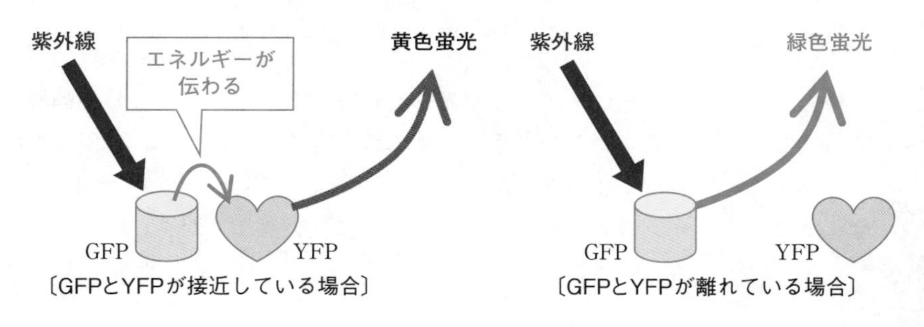

緑色蛍光が出るか，黄色蛍光が出るかはわかるんですが，
これをどのように応用するのか見当がつかないです。

(**2**)で紹介した特定のタンパク質にGFPを連結させたものをつくる技術をさらに応用するんだよ！　下図のように，タンパク質Aの遺伝子に*GFP*遺伝子を，タンパク質Bの遺伝子に*YFP*遺伝子を連結した融合遺伝子を導入した細胞について考えてみよう。

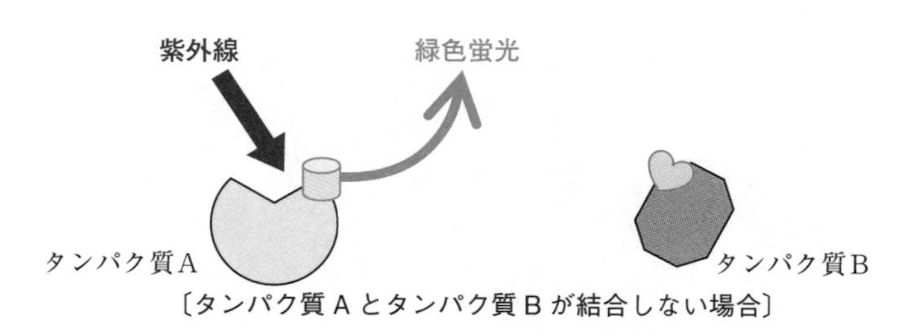

前ページの図の場合，細胞に紫外線を照射すると細胞からは緑色蛍光が検出されます。つまり，緑色蛍光が観察された場合，「タンパク質Aとタンパク質Bは結合しない」ということがわかります。

つまり，タンパク質AとBが結合する場合には，下の図のように黄色蛍光が出るんですね!!

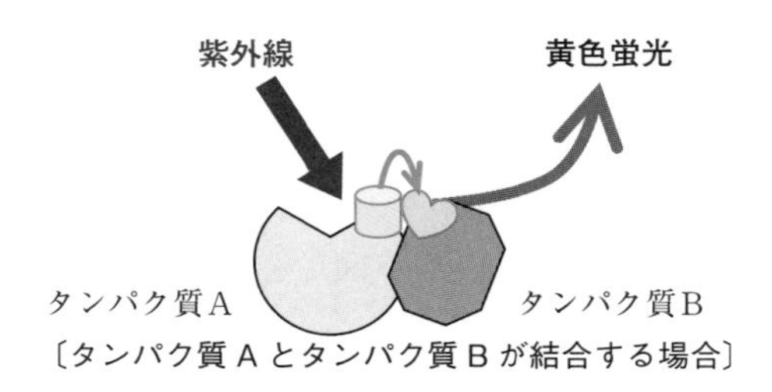

〔タンパク質Aとタンパク質Bが結合する場合〕

下村先生は「オワンクラゲはなんで光るんだろう？」という素朴な知的好奇心で研究をされた方です。このような生物の謎を解明するための基礎研究の中に大発見が潜んでいることがあるんですね。

それでは，次ページの「類題にチャレンジ」に挑戦してください。

類題にチャレンジ 23

解答 → 別冊 p. 19

1 ある植物Aの酵素Xの末尾7つのアミノ酸配列について調べるため，以下の実験を行った。酵素Xの末尾7つのアミノ酸配列のはたらきについて，実験結果からわかることを説明せよ。

実験：GFP，GFPのアミノ酸配列の末尾に酵素Xの末尾の7つのアミノ酸の配列をつないだもの(GFP-1)を，それぞれ植物Aの別々の細胞の中で発現させた。その結果，GFPを導入した細胞では細胞質基質のみで，GFP-1を導入した細胞ではペルオキシソームのみで，緑色の蛍光が検出された。

(センター試験・改)

2 オワンクラゲの緑色蛍光タンパク質(GFP)の遺伝子を使って，フロリゲンの生成や移動経路が証明された。この手法に関して，次から正しいものをすべて選べ。

① GFPは可視光の赤色光を当てると緑色の蛍光を発する。

② GFPは非可視光の紫外線を当てると緑色の蛍光を発する。

③ GFPを用いることで，葉に存在するフロリゲン遺伝子(DNA)を可視化することができる。

④ GFPを用いることで，葉で転写されたフロリゲンのmRNAを可視化することができる。

⑤ GFPを用いることで，葉で翻訳されたフロリゲンを可視化することができる。

(東京慈恵会医大)

3 マウスの毛色の形質はメンデル遺伝に従い，黒毛〔B〕が優性，白毛〔b〕が劣性の表現型であるとする。黒毛マウスの純系系統(遺伝子型 *BB*)を元に，ロドプシン遺伝子のプロモーター領域とGFPの遺伝子 *gfp* をつなげた下図のようなDNA断片が挿入されたトランスジェニックマウス(マウスX)を作製した。ここでは，マウスにおける挿入されたDNA断片を対立遺伝子 *G* とし，それをもたないものを対立遺伝子 *g* とする。つまり，マウスXの遺伝子型は *GgBB* となる。

ロドプシン プロモーター 領域
gfp
ポリA 付加 シグナル

マウスXを白毛マウス(遺伝子型 *bb*)と交配し，得られた黒毛で眼に蛍光がある子どうしを交配すると，次世代の子の出生比は，眼に蛍光があり黒毛：眼に蛍光があり白毛：眼に蛍光がなく黒毛：眼に蛍光がなく白毛＝9：3：3：1　となった。

問1　マウスXにおいて緑色の蛍光はどの細胞で検出されるか。

問2　この交配結果からわかることを説明せよ。

(大阪大)

①身近な疑問◆ノーベル賞◆　　生物

「ゲノム編集」では，何ができるんですか？

A 回答　2020年のノーベル化学賞のテーマですね。すごい技術ですよ！
2020年のノーベル化学賞を受賞したダウドナ，シャルパンティエの２人が開発した**ゲノム編集**の手法は「**CRISPR/Cas9法**（クリスパーキャスナイン）」といいます。

CRISPR/Cas9法が開発されるまでの歴史は，1980年代まで遡ります。大阪大学の中田篤夫先生は，**大腸菌ゲノムの中に奇妙な反復配列を発見**しました。中田先生は後に「塩基配列を調べていたら，同じ配列が何度も出てきて，困惑した」と語っています。そして2002年，オランダの研究チームがこの反復配列を「CRISPR（クリスパー）」と命名しました。

CRISPRってどういう意味ですか？

Clustered Regularly Interspaced Short Palindromic Repeatsの略です。日本語にすると「間隔を空けて規則的な短い回文配列群が繰り返されている塊」という感じになります。回文（palindrome）というのは，上から読んでも下から読んでも同じになる「新聞紙」・「竹やぶ焼けた」のような文章です。この回文という単語をDNAに用いる場合は次のような配列を指します。

5´———AATGGCCATT———3´
3´———TTACCGGTAA———5´

上の鎖の5´→3´方向の塩基配列と，下の鎖の5´→3´方向の塩基配列が一緒ですよね。このような**回文配列が繰り返されている場合，下図のように離れた回文配列の領域どうしが結合することができる**んです。

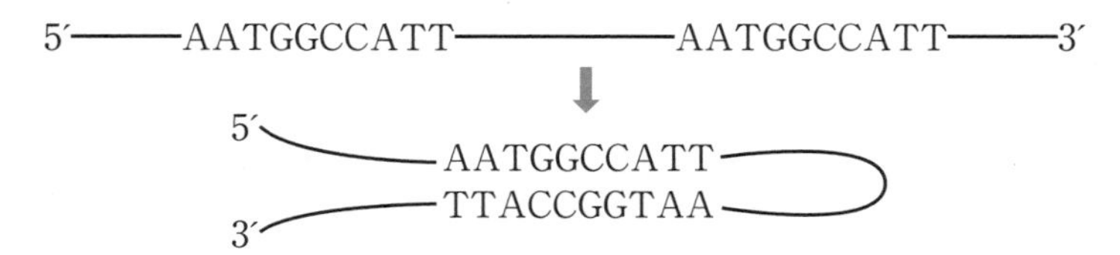

では，いよいよゲノム編集の技術の説明に入りましょう。

CRISPRは次ページの図のような構造をしていて，反復配列（リピート配列）で挟まれた部分は**スペーサー配列**といいます。

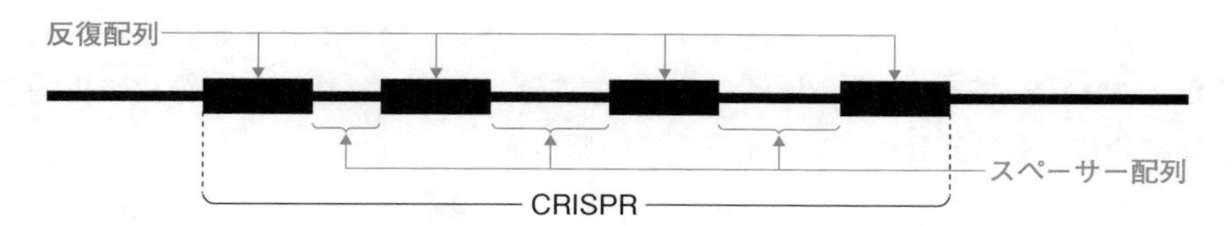

スペーサー配列には何があるんですか？

スペーサー配列には，それぞれ違う配列があります。そして，一部の**スペーサー配列にはウイルスのDNAの一部と同じ塩基配列がある**ことがわかっています！　CRISPRが転写されてRNAが合成されると，このRNAがCas9というタンパク質と結合し，Cas9によって反復配列の部分が切断されてcrRNAになります。CasはCRISPR associatedの略で「CRISPRに関係する」という意味，crRNAのcrはもちろんCRISPRという意味です。また，crRNAはガイドRNAと呼ばれることもあります。

ここからがスゴイ！　crRNAとCas9の複合体は，crRNAに含まれるスペーサー配列と相補的な配列をもつDNAやRNAを切断します！

あれ？　スペーサー配列に，ウイルスのDNAと同じ塩基配列があるということは・・・

おっ，気づきましたか！　このしくみは**細菌がウイルス感染から身を守るため**のものなんです。ウイルスが細菌の中にDNAを入れてきても，そのDNAと同じ配列を含むCRISPRがあれば，入ってきたDNAを切断できます。

細菌の免疫システムなんですね！
でもこのシステムとゲノム編集にはどういう関係が？

このシステムは，特定の塩基配列をもつ核酸を切断するシステムなので，**制限酵素**のようなハサミとして使うことができると考えたんです。例えば，シロイヌナズナの***FT*** **遺伝子の特定の部分を切断したい場合**を考えましょう。この場合，**CRISPRのスペーサー配列の部分に** ***FT*** **遺伝子の切断したい部分の塩基配列を入れておけばいい**んです。

えぇっ?!　それだけですか？

厳密には「それだけ」ではないけどね。**このような CRISPR からつくられた crRNA と Cas9 の複合体は，*FT* 遺伝子の対応する相補的な部分に特異的に結合し，その部分をピンポイントで切断します**(下図)。

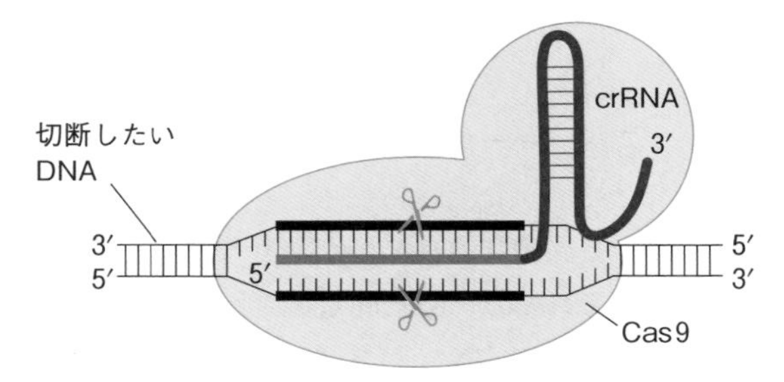

狙った部位を，ピンポイントで切断できる技術なんですね。…でも，切るだけですか？

鋭い質問ですね。標的とする細胞に crRNA と Cas9 の複合体を入れて，狙った場所が切断されると，細胞では「DNA の切断に対する修復システム」が駆動します。**切れてしまった部分をつなぐ際に塩基の欠失や挿入といったエラーを誘発させれば，対象となる遺伝子を破壊する**(**ノックアウト**といいます)**ことができます**(下図)。

遺伝子を破壊するだけではありません。修復する際に下図のような「挿入したい遺伝子が切断部位の両側と同じ塩基配列で挟まれている DNA」を入れると，修復の際に乗換えが起こり，遺伝子が狙った部位にピンポイントで挿入できます！ 「**インスリン**遺伝子の１つ目のエキソンの●番目の塩基の部分に *GFP* 遺伝子を挿入する」みたいな芸当(？)が可能になるんです！

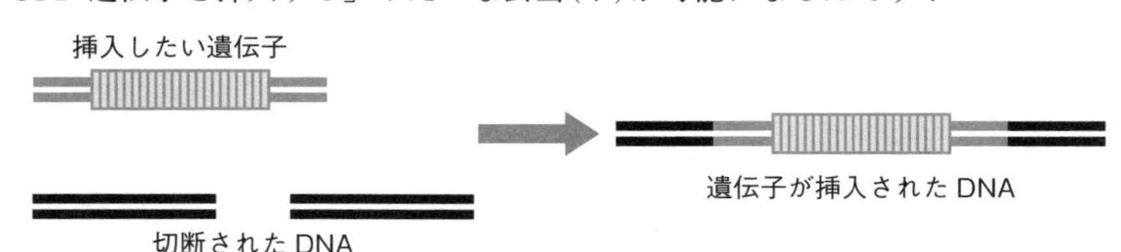

この技術を使えば，「遺伝子 *X* の●番目の塩基を A から G に変える」というようなことも可能ですし，「遺伝子 *X* を遺伝子 *Y* に置き換える」というよう

なことも可能になります。

すごいですね！ すでにこの技術を使って実用化されたものはありますか？

日本でもすでに農業や水産業の分野で実用化されており，筑波大学では栄養価の高いトマト，産業技術総合研究所では**アレルギーを起こしにくい卵**を産むニワトリなどが作られています。海外に目を向けると，変色しにくいマッシュルーム，雌のみが生まれるニワトリ，毛量の多いヤギなどが作られています。

開発者のダウドナは「近い将来，認知症，パーキンソン病，高コレステロール血症，筋萎縮性側索硬化症（ALS）の原因遺伝子を編集して直せるようになるだろう」と予想しています。また，**iPS細胞**に対して遺伝子編集をする研究も進んでおり，**様々な疾患の治療への応用が期待されています**。

ゲノム編集の安全性はどうなんですか？

ごくまれに，狙った部位とは異なる部位を切断してしまうことがあります。そして，その結果として理論上は細胞ががん化するなどのリスクが0ではありません。しかし，研究に携わる方々が，そのようなリスクを軽減するための努力を日々されており，技術の精度がさらに高められています。

また，現状として，ヒトへの応用については「子孫に遺伝しないような編集」のみを行うように規制されています。

第3章 遺伝情報、生殖と発生

類題にチャレンジ 24

解答 → 別冊 p. 20

CRISPRには，リピート配列が密集し，リピート配列間には多様なスペーサー配列が挟まれている。CRISPR/Cas9システムが細菌の免疫機構であると考えられるようになったきっかけの実験結果を推測し，以下の5つの語句をすべて用いて簡潔に説明せよ。

〔語句〕 ゲノム，ウイルス，スペーサー配列，塩基配列の解析，細菌

（福井大）

質問 25 ②教科書についての疑問 生物

「組換え価は50% を超えない」って習ったんですが，それはなぜですか？

A 回答 そういうルールとして丸暗記しておけば，大半の計算問題は解けちゃいます。しかし，その理由まで理解している受験生は少ないように思います。とても大事な内容を含むので，しっかり説明しますね。

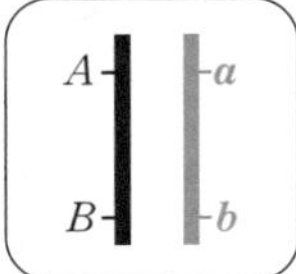

A と B（a と b）が連鎖しているヘテロ接合体の**減数分裂**を例に説明します。この個体の遺伝子と染色体との関係を，簡略化した模式図が右図です。

これはよく見る模式図ですね！

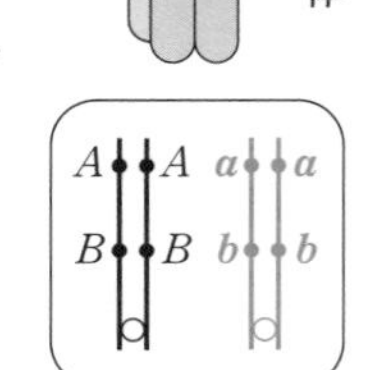

減数分裂を開始する前の間期では，体細胞分裂と同様にDNA が複製されます。そして，**複製された相同染色体どうしが第一分裂前期に対合して，二価染色体（右図）となります。**この図からわかる通り，二価染色体は 4 本の染色体から構成されています！　つまり，**二価染色体には 4 分子の DNA が含まれている**んですね。

さて，二価染色体に遺伝子記号を書いて模式的に描いたものが右図です。なお，図中の○は**動原体**です。さて，二価染色体の状態のときに起こる現象といえば…

乗換えです !!

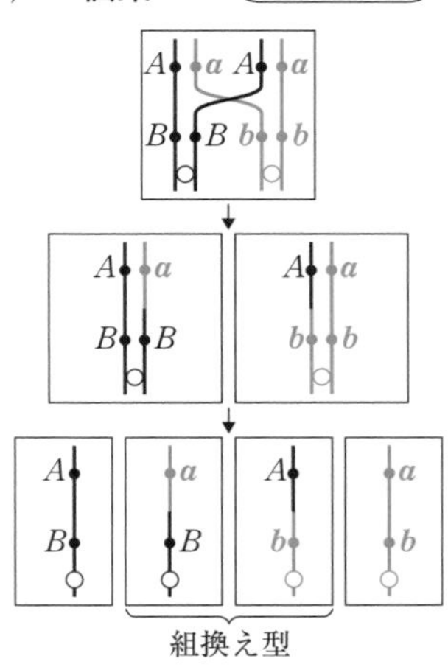

そうですね。対合した相同染色体間での乗換えが起こるんですね。乗換えが起きている減数分裂のようすを右図に示しました。乗換えが起こるとき，相同染色体が交差している場所が生じます。この部分は**キアズマ**といいます。

この図で注目すべきポイントは，**「二価染**

色体を構成する4分子のDNAのうちの2分子の間で乗換えが起きている」ことです！　乗換えという現象は，4分子のDNA全体で起こるものではありません。その結果，**生じた4つの娘細胞のうち2つは遺伝子の組換えが起きている組換え型，残りの2つは元の連鎖関係のまま**となっていますね。

仮に，減数分裂の際に$A(a)$と$B(b)$の間で必ず乗換えが起こったとしても，生じる娘細胞の半分は組換えが起きていない細胞となります。実際には，注目している遺伝子間で乗換えが起こらないことも当然あるので，**組換え型の割合が50%を超えることはありません。組換え価は減数分裂で生じた娘細胞における組換え型の細胞の割合なので，組換え価が50%を超えない**ことがわかりますね。

なるほど！　少なくとも半分は組換えをしていない娘細胞が生じる理屈がわかりました！
でも，乗換えって，必ず1回だけ起こるものなんですか？

ものすごく鋭いハイレベルな質問ですね。実際には2回以上の乗換えが起こることもあります。**1回目の乗換えが起こると，その付近で2回目以降の乗換えが起こりにくくなる**性質があるので，無制限に乗換えするわけではないですが，2回とか3回とかなら十分に起こりますよ。

2回以上の乗換えをしたら，
4つの娘細胞が全部組換え型ってこともありませんか？

ありえますよ！　下図①のようなパターンですね。下の4つの図は，注目する遺伝子間で2回の乗換えが起きている図なので，これを使って説明したいと思います(この図では色(黒 or 赤)と太さで4分子のDNAを区別しています)。

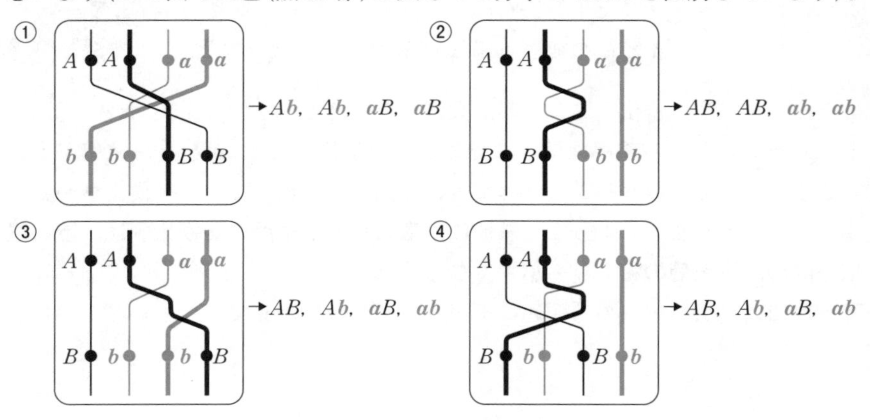

これらの図は，黒太の染色体と赤細の染色体との間で乗換えが起こった上で，さらにもう１回乗換えが起きたようすを示しています。確かに，①のような場合には４つの娘細胞がすべて組換え型ですが，他にも②〜④のようなパターンもありますよね。例えば，②の場合には組換え型の娘細胞が生じません。また，③や④の場合には半分の娘細胞が組換え型になります。①のようなパターンだけを見れば２回の乗換えが起こることで組換え価が大きくなるような気がしますね。しかし，実際には他のパターンの乗換えも起こり，全体としては**２回の乗換えが起こることで組換え価は小さくなる**ことが知られています。

ここまで詳しく考えたことなかったです…。

ふつうはそうですよね。実際，大学入試のレベルでは，２回の乗換えが起こる場合まで考える必要はないかもしれませんが，せっかくなので解説しちゃいました！　これを本気で厳密に議論する(乗換えの回数を n 回と置いて，一般化して……)場合，ちょっと大学レベルの数学が必要になるので，それについては大学で頑張ってください♪

とはいえ，**三点交雑法で染色体地図を作成する**場合，２回の乗換えが起こる場合についての考察を頭の片隅に入れておくと，悩まずに解けます！

例えば，A と B，B と C，A と C の組換え価がそれぞれ７％，10％，15％として染色体地図を作成すると右図のようになりますね。

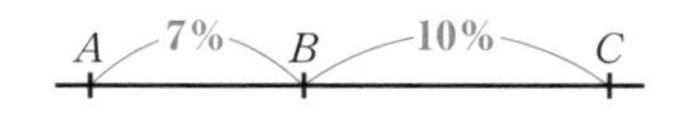

7％と10％…。
AとCの組換え価は17％ではないんですね。

そうなんです。遺伝子間の距離が大きくなるほど，２回の乗換え(注：3回以上の乗換えが起こる確率は低いのでここでは無視します)が起きる確率が上がります。そして，前ページの②のように２回目の乗換えにより組換え型が減少することが増えます。よって，**一般に，離れた遺伝子間の組換え価は，近い遺伝子間の組換え価の和よりも小さくなる**んですよ。

それでは，次ページの「類題にチャレンジ」に挑戦してください。

類題にチャレンジ 25

解答 → 別冊 p. 20

1 遺伝子 $A(a)$ と $B(b)$ の間の組換え価が20% のとき，A と B(a と b)が連鎖している個体がつくる配偶子の遺伝子型とその比を求めよ。

2 遺伝子 B と D(b と d)が連鎖している動物の雄個体について，全体の20% の一次精母細胞でこれらの遺伝子間で乗換えが起きていたとすると，つくられる配偶子の遺伝子型とその比を求めよ。ただし，2回以上の乗換えは起こらないものとしてよい。

質問 26 ③問題を解くための疑問 生物

先生！　遺伝の計算が合いません！
〜種皮の遺伝編〜

A 回答 では，その悩める問題を見てみましょう！

> **問題** トウモロコシの種子には，アントシアンにより種皮が紫色を呈する形質がある。この形質にはアントシアン合成に関わる優性遺伝子 B とアントシアンが合成できない劣性遺伝子 b が関わる。遺伝子型が bb の個体のめしべに Bb の個体の花粉を受粉させた場合，生じる種子の種皮の色はどのようになるか。なお，種皮にアントシアンがない場合，種子の色は黄色となる。

「紫色：黄色＝1：1」だと思うんですけど…。

あぁ，予想通りのミスをしているね！　被子植物の種子形成についての知識をちゃんと覚えて，イメージしながら解かないと間違ってしまいます。典型的な被子植物の種子形成について，下図を見ながら確認しましょう。

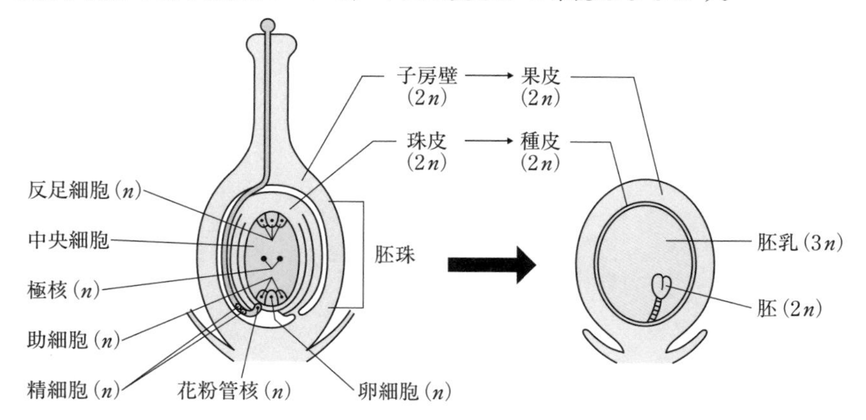

左側の図は受精する直前の模式図だね。**花粉管内にある2個の精細胞**のうち，**一方は卵細胞と受精して核相 $2n$ の受精卵**に，**他方の精細胞は中央細胞と受精して核相 $3n$ の胚乳細胞**になります。このような被子植物特有の受精を何というか覚えていますか？

重複受精ですね！　その辺の知識は大丈夫だと思います。

正解！　その後，受精卵は**胚**に，胚乳細胞は**胚乳**になりますね。ところで，卵細胞や中央細胞などの**7個の細胞からなる胚のうは珠皮に包まれています。**この珠皮は誰の細胞でしょうか？

受精前からあるし…，お母さんの細胞！

おっ，正解！　わかっているね！　そうです，**珠皮の細胞はめしべを構成する子房の中に受精前からある細胞なので，雌親の体細胞**です。受精後，**珠皮は種皮に変化するので，種皮も雌親の体細胞**です。

では，質問してくれた問題について考えてみましょう。雌親の遺伝子型が *bb* で，雄親の遺伝子型が *Bb* の交配を図でイメージしましょう。

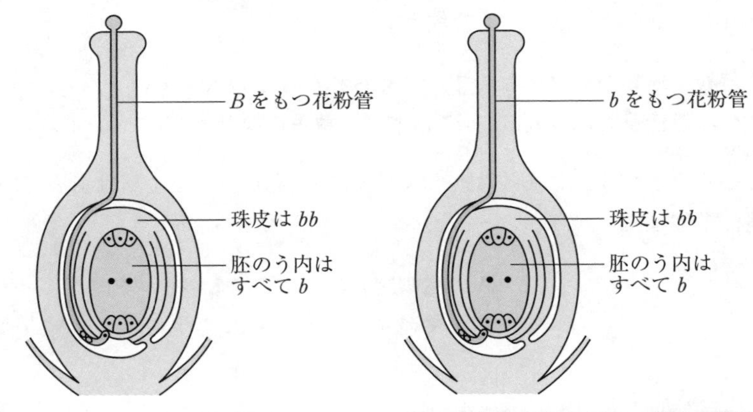

左のパターンで生じた種子について，**胚の遺伝子型は *Bb*，胚乳の遺伝子型は *Bbb*** です。そして，種皮の遺伝子型は？

bb **ですね！　ミスした原因がわかりました…。**

右のパターンで生じた種子については，胚の遺伝子型が *bb*，胚乳の遺伝子型が *bbb*，種皮の遺伝子型は雌親の体細胞なので *bb* ですね。

つまり，この交配で生じる次世代個体の遺伝子型とその分離比は *Bb*：*bb*＝1：1，つくられる胚乳の遺伝子型とその分離比は *Bbb*：*bbb*＝1：1 です。そして，**すべての種子において，種皮の遺伝子型は雌親の遺伝子型である *bb*** です。よって，問題の解答は…

「すべて黄色」が正解ですね！

その通り！　**種子の中にある胚の細胞は次世代個体の細胞**だけど，**種子を包んでいる鞘(さや)や果皮，種皮などは雌親の体細胞**なので，注意しましょう。せっかくなので，もう1問解いてみようか。

> **問題**　エンドウの種子のさやには緑色と黄色があり，緑色が優性形質，黄色が劣性形質である。さやの色が黄色を示す純系のめしべに，緑色を示す純系の花粉を受粉させて，F_1 種子を得た。F_1 種子が入っているさやの色の表現型とその比を答えよ。　(酪農学園大)

緑色，黄色の遺伝子をそれぞれ A，a とすると，遺伝子型が aa のめしべに AA の個体がつくった花粉を受粉させていますね。

さや(鞘)は雌親の体細胞なので，つくられた種子の入っているさやの遺伝子型は *aa*。よって，すべて黄色になります。

そういうことです。この交配でつくられる受精卵の遺伝子型は Aa，胚乳細胞の遺伝子型は？

A の精細胞と，a を２つもつ中央細胞が受精するので，Aaa ですね。

バッチリです！

類題にチャレンジ 26

解答 → 別冊 p. 21

エンドウを用いて次の実験１と実験２を行った。

実験１：種子の形の優性遺伝子を D（丸），劣性遺伝子を d（しわ），種皮の色の優性遺伝子を E（有色），劣性遺伝子を e（白色）とする。$ddee$ の個体のめしべに $DDEE$ の個体から生じた花粉を受粉して種子を得た。

実験２：実験１で得られた種子を発芽させて育て，その個体の自家受精により再び種子を得た。

問１　実験１で得られた種子の形および種皮の色の表現型の分離比を答えよ。

問２　実験２で得られた種子の形および種皮の色の表現型の分離比を求めよ。(宮崎大)

質問 27 ③問題を解くための疑問 生物

先生！　またしても遺伝の計算が合いません！
～母性効果遺伝子編～

A 回答 OK, では問題を見せてください。

> **問題** キイロショウジョウバエにおいて，ビコイド遺伝子の野生型を B，機能を失った変異型を b とする。遺伝子型がどちらも Bb である両親を交配して得られた次世代について，遺伝子型の分離比と表現型(頭ができるかどうか)についての分離比を答えよ。

表現型の分離比は「3：1」だと思ったんですが…。

これも「よくある間違い」ですね。どうやら**ビコイド**についての知識を確認する必要がありそうです！

多くの動物は**卵形成の過程で，卵の細胞質基質内に mRNA やタンパク質が蓄えられます**。そのうちで**発生過程に影響するものを特に母性因子**といいます。**母性因子となる mRNA の遺伝子は母性効果遺伝子**と呼ばれ，ビコイド遺伝子などが代表例です。

**蓄えられたビコイド mRNA は，
受精後に翻訳されるんですよね。**

そうです！　**受精後に母性因子のビコイド mRNA が翻訳されてビコイドが合成されます。ビコイドは調節タンパク質**であり，濃度によって頭部と胸部を形成するために必要な様々な遺伝子を発現させます。逆に，ビコイドがはたらけなければ頭部と胸部が形成できなくなります。下図を見てみましょう。

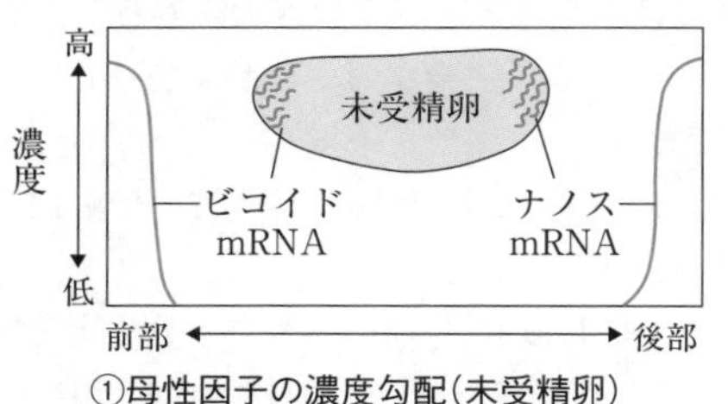

①母性因子の濃度勾配(未受精卵)

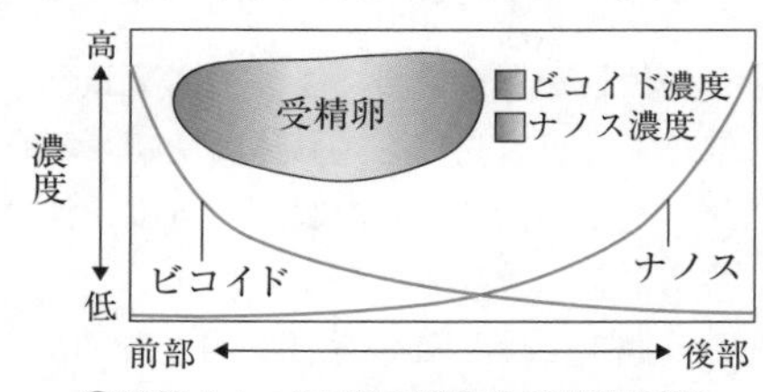

②調節タンパク質の濃度勾配(受精卵)

第3章 遺伝情報、生殖と発生

ビコイド mRNA は①の図のように**卵の前部に局在**していますが，受精後につくられたビコイドは後部に向かって拡散するので，②の図のように後部に向かった**濃度勾配**が形成されます。実際，**ビコイドとナノスの濃度勾配が，卵における相対的な位置情報となり，胚の前後軸が形成されます**。

では，問題の解説に進みましょう。雌親も雄親も遺伝子型が Bb なんですよね。**雌親が正常なビコイド遺伝子(B)をもっている**ので，**卵の遺伝子型にかかわらず，卵の中に正常なビコイド mRNA を蓄積する**ことができますね(下図)。

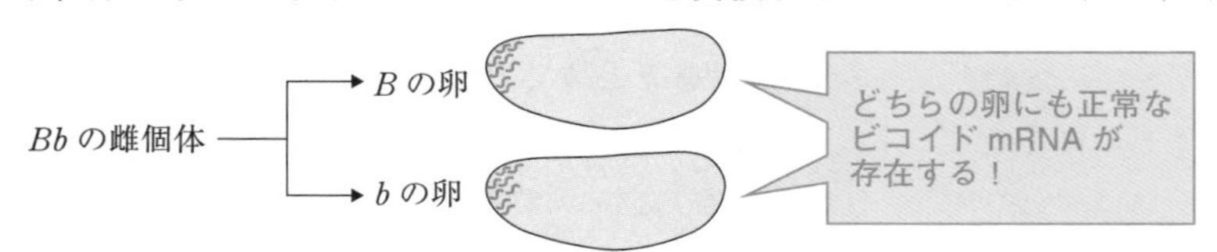

***B* の卵にも *b* の卵にも正常なビコイド mRNA が蓄積しているので，どちらの卵から生じた次世代個体もビコイドをつくれます。** 仮に，遺伝子型が bb の受精卵が生じたとしても，蓄積された正常なビコイド mRNA を翻訳するわけなので，ちゃんとビコイドをつくれますよ！

子(次世代個体)に頭ができるかどうかは雌親の遺伝子型によって決まるんですね！　だから，子の遺伝子型は関係ないんだ!!

その通り！　それでは，先ほどの問題の解答はどうなるか，考えてみましょう。両親ともに遺伝子型が Bb なので，次世代の遺伝子型とその分離比は，$BB:Bb:bb=1:2:1$　です。そして，雌親が遺伝子 B をもっているので，次世代個体はすべて頭ができますね！

類題にチャレンジ 27

解答 → 別冊 p. 21

卵の細胞質中に存在する母性因子の mRNA によって，子の形質が決められるような遺伝現象を遅滞遺伝という。ある巻貝Rには右巻きと左巻きのものが存在し，右巻きが優性形質であり，1組の対立遺伝子 $D(d)$ により決定する。なお，巻貝Rは雌雄同体で，自家受精も異個体間受精も可能である。

問1　遺伝子型が Dd の個体の自家受精によって生じる F_1 集団の巻き方の分離比を答えよ。

問2　問1で生じた F_1 集団の自家受精によって生じる F_2 集団の巻き方の分離比を答えよ。

(日本獣医生命科学大)

質問 28　③問題を解くための疑問　生物

ヘテロ接合体がつくる正常なタンパク質の量は，正常ホモ接合体の半分じゃないんですか？

A 回答　おっ！　これは，難しいんだけど超頻出のテーマについての質問だね！　このテーマで最も定番の酵素であるALDH2に注目しながら解説していきます。

ALDH2は，アルデヒド脱水素酵素2（aldehyde dehydrogenase 2）という名前の酵素で，右図のように**エタノールを無害な酢酸にまで代謝する過程に関わる酵素**です。

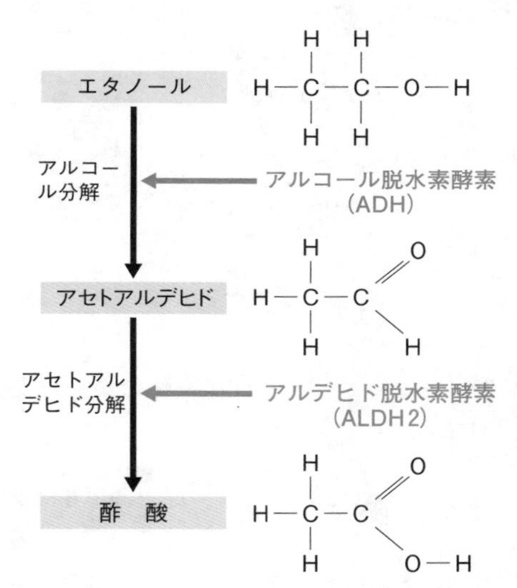

ALDH2がはたらけないと，お酒を飲んだ際に有害なアセトアルデヒドが処理されず，血中アセトアルデヒド濃度が上昇し，頭痛や吐き気などを引き起こします。

お酒に強いかどうかに関わる酵素なんですね。

そういうことです。ALDH2の遺伝子は常染色体にあるんですが，野生型遺伝子（*G*とします）のホモ接合体のヒト（*GG*）はALDH2の活性が高く，アセトアルデヒドはすぐに代謝されるため，少量の飲酒では顔色は変化しません。一方，変異型遺伝子（*A*とします）のホモ接合体（*AA*）はALDH2の活性が低いため，アセトアルデヒドの血中濃度が増加し，少量の飲酒で顔が赤くなります。それではヘテロ接合体（*GA*）の場合はどうなると思う？

ヘテロ接合だからつくる酵素も半分で，*GG*と*AA*の中間くらいと言いたいところですが，そうじゃないんですよね。

そうなんです，難しいですよね。ALDH2は四量体のタンパク質です。ポリペプチドが4本集まった**四次構造**のタンパク質ということです。これがポイントなんです。

実際，４本の集まり方は難しいので，話を単純にするため，**遺伝子 *G* からつくられたポリペプチドも，遺伝子 *A* からつくられたポリペプチドも，ランダムに４本が合わさる**としましょう。そして，**つくられた ALDH２について，１本でも遺伝子 *A* からつくられた変異型のポリペプチドが入っている場合は，酵素活性がなくなる**と考えてください。なお，下図中の●は遺伝子 *G* からつくられたポリペプチド，●は遺伝子 *A* からつくられたポリペプチドです。

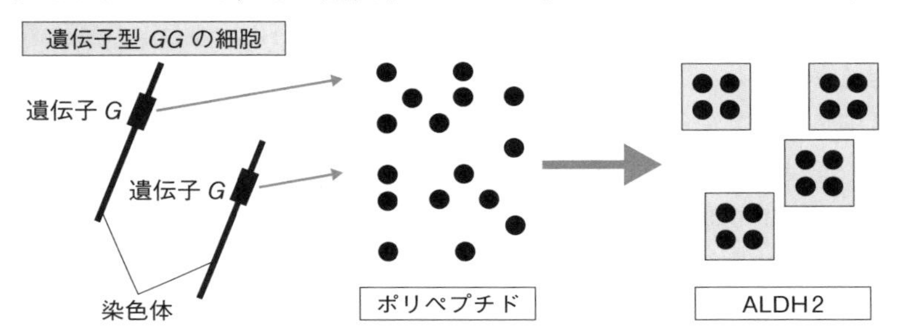

活性の高い ALDH２のみがつくられています。

それでは次に，ヘテロ接合体の場合を考えてみましょう。

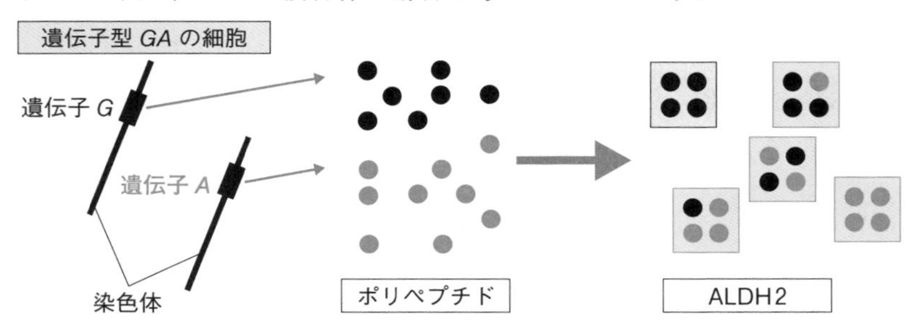

左上の ALDH２以外は，どれも活性がなくなります！

その通り！　●と●がランダムに集合した結果，両者が混ざった ALDH2 ができちゃうんだね。では，この場合，つくられた ALDH2 の中で活性が高い酵素はどれくらいの割合存在するかな？

４つすべてが●になる確率ですから…， $\left(\frac{1}{2}\right)^4=\frac{1}{16}$ **です！**

素晴らしいです。**遺伝子型が *GA* のヒトがつくる活性をもったALDH 2の量は，遺伝子型 *GG* のヒトがつくる量の16分の１しかないんです！** このヘテロ接合体のヒトのお酒の強さはどう表現したらよいかな？

アセトアルデヒドの処理能力について，
単純に *GG* のヒトと *AA* のヒトの半分ではないですね！

そのことが理解できればOKです。表現は様々ですが，*GG* のヒトは「お酒が強い」とか「ザル」なんて言います。そして，*GA* のヒトは「飲めるけど強くない」というような感じで表現され，*AA* のヒトは「飲めない」となります。

四次構造をとるタンパク質の遺伝子については，ヘテロ接合体がつくることができる正常タンパク質の量が大幅に減少する場合があるということですね！

類題にチャレンジ 28

解答 → 別冊 p. 22

細胞外基質であるコラーゲンＡの産生に異常を示すマウス細胞株１，２がある。これらの細胞株は全ゲノム中の一箇所にのみ一塩基置換変異をもっている。

細胞株１，２の細胞培養液中に分泌されるコラーゲンＡの量を測定した結果，細胞株２から分泌されるコラーゲンＡの量は正常な細胞と変化はなかったが，細胞株１から分泌されるコラーゲンＡは正常な細胞に比べ半減していた。続いて，細胞株１，２のコラーゲンＡの mRNA の発現量，長さ，スプライシングを調べたところ，正常な細胞と変化がなかった。さらに細胞株１，２のコラーゲンＡ遺伝子の塩基配列を解析した結果，細胞株１および２はコラーゲンＡ遺伝子のエキソンの一部に点突然変異があることがわかった。詳しく調べたところ，細胞株１は正常なコラーゲンＡに加え，本来より短いコラーゲンＡが合成され，短いコラーゲンＡは細胞内で分解されていた。一方，細胞株２は正常なコラーゲンＡに加え，アミノ酸置換を起こした変異コラーゲンＡが合成され，細胞外に分泌されていることがわかった。

問　コラーゲンＡは三量体構造をとって分泌され，正常なコラーゲンＡによる三量体の構築が，正常な細胞外マトリクス形成に重要である。細胞外マトリクス形成を調べたところ，細胞株２の方が重大な異常を示した。考えられる原因について，下の語群を用い，200～250字程度で説明せよ。ただし，細胞株２の変異コラーゲンＡも三量体形成能を有しているものとする。

〔**語群**〕　正常な三量体構造，異常な三量体構造，分泌量の低下，細胞外マトリクスの質的変化，異常なコラーゲンＡ

（大阪大）

①身近な疑問◆ノーベル賞◆ 生物

「センチュウ」って何がすごいんですか？

A 回答 **センチュウ**はモデル生物として詳しく調べられ，様々な研究に用いられています。その結果，センチュウを使った研究についての入試問題も頻出です。センチュウは**線形動物門**に属する動物です。

脱皮をする旧口動物ですね！

すごい，よく勉強しているね！　線形動物門は研究が進んだ結果，分類の基準が変わってきており，分類という意味ではとても複雑なグループです。センチュウの約75％は非寄生生活を営み，約25％が寄生生活を営みます。ヒトの寄生虫である**カイチュウ**(回虫)などが，寄生生活をするタイプの代表例です。

モデル生物として使われる種は，センチュウの一種である *Caenorhabditis elegans* という種(下図)で，一般に *C.elegans* と書かれ，「シーエレガンス」とか「エレガンス」などと呼ばれます。

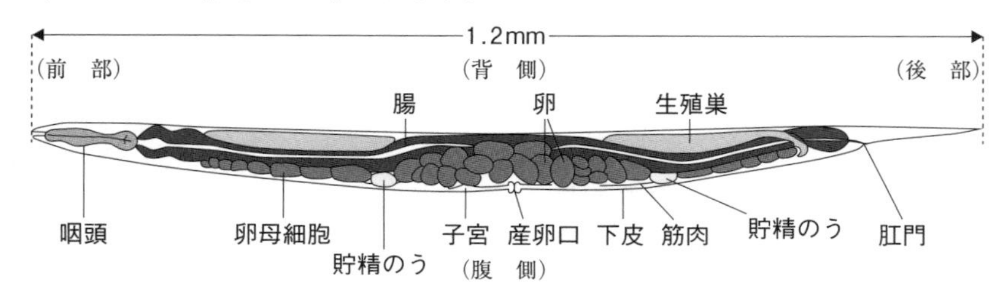

「エレガンス」って，上品とか優雅っていう意味のエレガンスですか？

その通りです。這い回るとき，S字状にクネクネと優雅に(？)動くことから，*elegans* という**種小名**を与えられたそうです。センチュウをモデル生物として使い始めた研究者は南アフリカのブレナーで，1960年代後半のことです。1960年代後半といえば，**mRNA** が発見され，**オペロン説**が提唱され，「そろそろ細菌やウイルスだけでなく複雑な真核生物の研究もしよう！」というタイミングです。ショウジョウバエなどを使って研究しようとした研究者が多かったのですが，ブレナーは「ショウジョウバエは複雑すぎる」と見抜き，もっとシ

ンプルな生物を探しました。そして，センチュウに出会ったんです！　ブレナーは60種類以上のセンチュウを飼育，観察し，その中から *C.elegans* を選びました。

C.elegans が選ばれた理由は何なんですか？

もちろん様々な理由があるんだけど，*C.elegans* の生殖法がスゴイんですよ。ちょっと，*C.elegans* について学んでみましょう！

なんと，**C.elegans は雌雄同体で，1匹が卵と精子をつくって体内受精することで増殖します**。被子植物で考えると自家受精のようなイメージですね。よって，この方法で増殖を繰り返していくと，遺伝的多様性が小さく，ホモ接合体ばかりの集団が得られます。**ホモ接合体を簡単に得られる**ということは，研究をする上で非常に有利になります。また，ごく稀に精子のみをつくる雄個体が生じ，雄個体は雌雄同体と交配するので，様々な交配パターンを試すことができます。

そして，*C.elegans* は飼育が容易で，1匹の雌雄同体が約300個の受精卵をつくり，3日程度で成虫になるという**猛烈なスピードで増殖する**点も実験に使いやすい特徴です。さらに，**約1000個の細胞から構成されており，非常にシンプルなからだをもち，からだはほぼ透明なので観察しやすい**という特徴もあります。

C.elegans を使った研究には，
どのようなものがありますか？

特に重要な研究を3つ紹介しますね。

(1) まずは，何といっても *C.elegans* 研究のパイオニアであるブレナーの研究です。ブレナーは *C.elegans* の生殖のしくみなどを解明し，*C.elegans* に対する遺伝の研究法(変異体を作出したり，交配実験をしたりする方法)を確立しました。

イギリスのサルストンは，*C.elegans* の細胞系譜を作りました(次ページの図)。細胞系譜というのは受精卵からからだをつくっていく過程での細胞の系図です。次ページの細胞系譜は簡略化されたものですが，詳しい細胞系譜を見ると，**多くの細胞が発生過程の特定の時期に死んでしまう**ことがわかるんです。

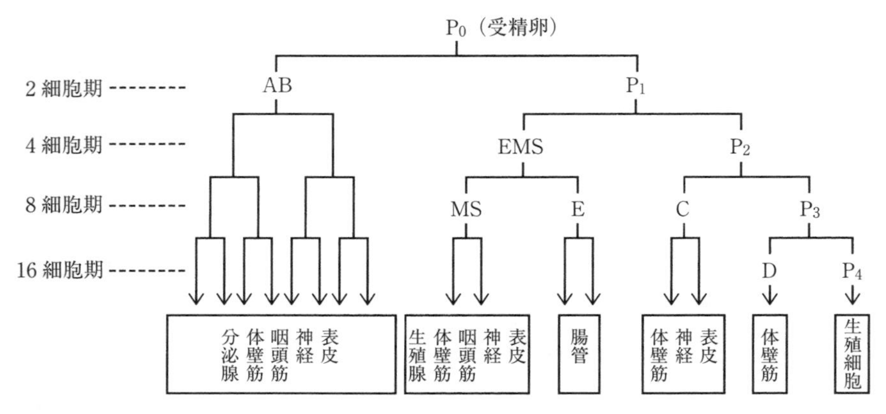

〔センチュウ胚での細胞分裂のしかたと形成される組織や器官〕

プログラム細胞死ですか !?

その通りです！　そして，このプログラム細胞死(programmed cell death)がどのような遺伝子により，どのように制御されているかを解明した学者がアメリカのホービッツです。脊椎動物で**アポトーシス**として知られていた細胞死と *C.elegans* のプログラム細胞死の基本的なしくみが共通であることもわかり，脊椎動物の発生のしくみや，様々な病気やがんとアポトーシスとの関係の解明などに繋がったんです。

これらの功績により，ブレナー，サルストン，ホービッツは2002年にノーベル生理学・医学賞を受賞しました。

(2)　次は，アメリカのファイアーとメローです。彼らはそれぞれ *C.elegans* に**形質転換**をさせる技術を開発し，後に共同で研究をするようになりました。そして，特定の遺伝子の**アンチセンス RNA**(mRNA と相補的な塩基配列をもつ RNA)をつくるようなプラスミドを *C.elegans* に導入し，対象となる遺伝子の mRNA の翻訳を阻害する研究を行いました。その研究をきっかけに，彼らは **RNA 干渉**を発見することになります。そして，ファイアーとメローは2006年にノーベル生理学・医学賞を受賞しました。

(3)　最後はお馴染みの**緑色蛍光タンパク質(GFP)**です。

下村脩先生が発見したタンパク質ですね！

そうです。下村先生は，アメリカのチャルフィー，チェンとともに2008年のノーベル化学賞を受賞しました。チャルフィーは，*GFP* 遺伝子の **cDNA**（mRNA を逆転写して作った DNA）を大腸菌に導入して大腸菌を緑色に蛍光させることに成功し，さらに *C.elegans* に GFP を合成させることにも成功しました。このとき，**導入した *GFP* 遺伝子には β チューブリンのプロモーターが連結しており，*C.elegans* の β チューブリンを発現している細胞のみが緑色蛍光を発していました**。ここから先の GFP を使った研究については質問23『緑色蛍光タンパク質って何がスゴイのですか？』を読んでくださいね！

それにしても，センチュウの研究で，
ノーベル賞が連発ですね！　すごいです！

C.elegans は，様々な化学物質に対してかなり敏感に**走性**を示します。そして，*C.elegans* の走性を利用して，ヒトのがんを診断するという研究が報告され，現在では厚生労働省承認のがん検査法の１つとなっています。

センチュウはすごいってわかってもらえましたか？　それでは，次ページの「類題にチャレンジ」に挑戦してみてください。

類題にチャレンジ 29

解答 → 別冊 p. 23

センチュウは，寒天プレート上で前進，後退，旋回の行動が容易に観察できるため，様々な外部刺激に対する走性を調べる実験に用いられる。例えば，ナトリウムイオン，cAMP，リシン，ビオチン，イソアミルアルコールに対して正の走性（誘引反応）を示す。一方，銅イオン，ドデシル硫酸ナトリウム，塩酸キニーネに対して負の走性（忌避反応）を示す。

センチュウの化学走性に関して，グループ１とグループ２の尿を用いてセンチュウの走性を調べたところ，表１のような結果になった。一方のグループががん患者の尿で，他方のグループが健常者の尿である。走性テストでは図１の寒天プレートを用いた。また，Ａ点には希釈した尿を滴下し，Ｃ点には尿を薄めるために使用した溶媒を滴下した。プレートの中央に数十匹のセンチュウを置いて１時間後にＡ領域にいるセンチュウの数($N_{(A)}$)と，Ｃ領域にいるセンチュウの数($N_{(C)}$)を数えた。さらに，プレート上のＡ点の近くとＣ点の近くには，そこに到達したセンチュウを動かなくする薬剤を添加した。がん患者と健常者の尿に対する走性について，この実験結果からわかることを簡潔に述べよ。

表１

グループ１				グループ２			
サンプル	$N_{(T)}$	$N_{(A)}$	$N_{(C)}$	サンプル	$N_{(T)}$	$N_{(A)}$	$N_{(C)}$
尿１	33	20	10	尿５	65	20	40
尿２	53	28	22	尿６	30	7	18
尿３	85	41	39	尿７	33	5	25
尿４	45	22	18	尿８	72	30	36

$N_{(T)}$：走性テストで使用したセンチュウの総数

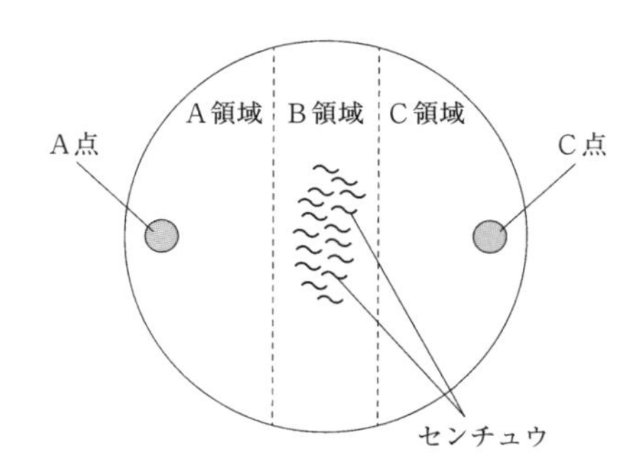

図１　走性テスト：寒天プレート上のＡ点に走性を調べたい物質を滴下し，反対側のＣ点にコントロールの溶媒を滴下する。

（東京医歯大）

質問 30

①身近な疑問◆ノーベル賞◆ 生物

クローンガエルを作ったガードンが，山中伸弥先生とノーベル賞を一緒に受賞したのはなぜですか？

A 回答 **iPS 細胞**(人工多能性幹細胞)を作った**山中伸弥**先生と，アフリカツメガエルの**体細胞クローン**を作った**ガードン**が，共同研究者でもないのに共同受賞というのは，ちょっと不思議かもしれませんね。

まず，ガードンの実験(下図)をおさらいしましょう！

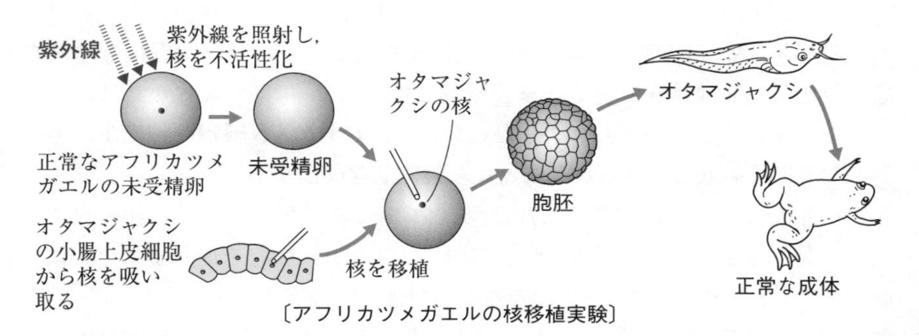

〔アフリカツメガエルの核移植実験〕

ガードンは，**アフリカツメガエルの未受精卵に紫外線を照射して核のはたらきを失わせ，この卵にオタマジャクシの小腸上皮細胞から取り出した核を移植**しました。その結果，核を移植された卵の一部が正常発生し，成体になったんです。この実験で**誕生した成体がもつ核の遺伝情報は，核を取り出したオタマジャクシと完全に同一**ですね。よって，両者は**クローン**の関係にあります。このように，**体細胞から取り出した核を使って作ったクローン個体は体細胞クローンといいます**。

体細胞クローン以外のクローンもあるんですか？

例えば，**ウニの4細胞期に割球を分離した場合，4個体になれる**んです。これらは元々1つの受精卵に由来するクローンですね。このようなクローンは**受精卵クローン**といいます。**ヒトの一卵性双生児も受精卵クローン**です。

さて，このガードンの実験は単に「体細胞クローンができた！」というだけではありません。生物学的に非常に重要な意味をもった実験なんです！　この実験は，**分化した細胞の核が未分化な状態に戻り，そこから正常発生できたこ**とがすごいんです。また，未受精卵には移植された核を初期化するしくみがあることがわかりますね。

ガードンは，動物の分化した核を初期化したパイオニアなんですね。

その通りです。ところで**幹細胞**ってわかりますか？

幹細胞は，自己複製能と多分化能をもつ細胞です。母細胞と同じ性質をもつ娘細胞を生じる能力が自己複製能，様々な種類の細胞に分化する能力が多分化能です。人工的に作ったヒトの幹細胞として**ES 細胞**（胚性幹細胞）も有名ですね。**ES 細胞は，胚盤胞の内部にある内部細胞塊という，将来胎児になる細胞を取り出し，多能性を維持したまま培養したもの**です。ES 細胞からはニューロンなど様々な細胞が作られました。しかし，**ヒトの ES 細胞は将来１人の人間となる胚を破壊して作られることから倫理的な問題があります**。

山中先生は，ES 細胞で特徴的に発現している４種類の遺伝子を体細胞に導入して発現させることで，体細胞が初期化された iPS 細胞を作りました。体細胞から作ったものなので，ES 細胞のような倫理的な問題は生じません。また，**患者本人の体細胞から作った iPS 細胞を使ってできた細胞を移植すれば，拒絶反応が起こらない**という利点もあります。

このように iPS 細胞は**再生医療**への応用はもちろんですが，**iPS 細胞を使って病態を再現した細胞を作り，病気の原因解明や薬の開発をすることなどにも役立てられています**。

いや～，すごく有用な細胞ですよね！

iPS 細胞を作る際に導入した４種類の遺伝子は *Oct4*，*Sox2*，*Klf4*，*c-Myc* で，これらはまとめて山中因子と呼ばれています。山中因子の１つの *c-Myc* という遺伝子は**がん遺伝子**なので，細胞ががん化する可能性があると懸念されていました。しかし，当初は *c-Myc* なしでは iPS 細胞がほとんどできなかったんです。

その後，核を初期化するはたらきをもった物質を探す中で，*c-Myc* の代わりになる遺伝子が発見されるなど，iPS 細胞の作出法などはどんどん進歩しています。

さて，ガードンと山中先生の共通点は見つかりましたか？

分化した核を初期化したことが共通ですね。

その通りです。**「分化した細胞に対して，初期化により多能性をもたせられることの発見」という功績によって，ノーベル生理学・医学賞を受賞**したんです。

山中先生によるiPS細胞の作出とガードンの実験を，下図のように並べてみると，わかりやすいですね。

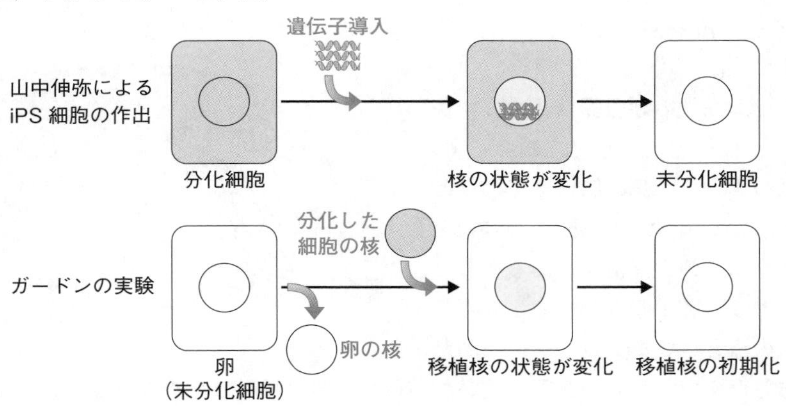

類題にチャレンジ 30

解答 → 別冊 p. 24

ガードンは，紫外線照射により核を不活性化したアフリカツメガエルの未受精卵に，幼生の腸上皮細胞の核を移植し，正常な成体を得ることに成功した。これにより，分化した細胞の核を未受精卵に移植することで，受精卵の状態まで戻すことができることが確かめられた。ガードンの研究以降，分化した細胞を初期化する研究が行われるようになった。2006年，山中伸弥らは，様々な細胞に分化する能力をもつ細胞の作製に成功し，iPS細胞と名づけた。このような業績により，ガードンと山中は，2012年にノーベル生理学・医学賞を受賞した。

下線部に関して，iPS細胞をつくる方法として最も適切なものを次から1つ選べ。

① 分化した体細胞に，ある一つの遺伝子を導入し，発現させる。
② 分化した体細胞に，複数の特定の遺伝子を導入し，発現させる。
③ 分化した体細胞に，受精卵の核を移植する。
④ 分化した体細胞において，ある一つの遺伝子を変異させる。
⑤ 分化した体細胞において，複数の特定の遺伝子を変異させる。　（千葉工業大）

質問 31　①身近な疑問　生物基礎

鳥ってあんなに高いところを飛んでいて，酸欠にならないんですか？

A 回答　確かに不思議ですよね！　例えば，インドガンという鳥は，ヒマラヤ山脈を越えてインドとモンゴルの間を飛行することができる渡り鳥です。標高 8000 m を超える高さで飛び続けるんですから，酸欠にならないのか心配ですよね。

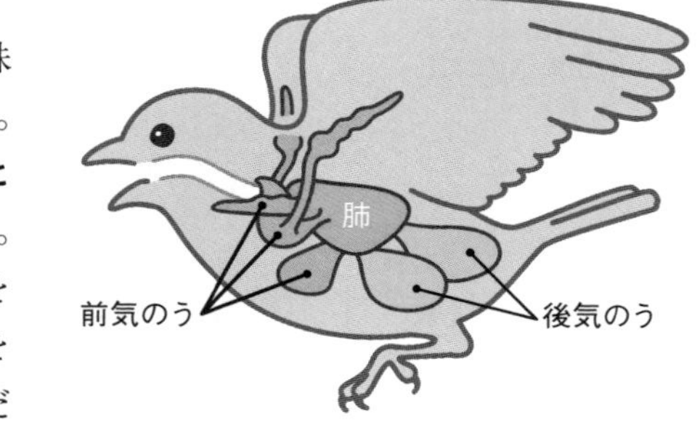

実は，鳥類の**呼吸器**は非常に特殊で，とても良くできているんです。右図のように，**鳥の肺には気のうという袋がいくつも付属しています**。そのうち，肺より前側にあるものを前気のう，肺より後側にあるものを後気のうといいます。リアルな図だと難しいので，下の模式図を使いながら，鳥類の呼吸のしくみを説明します。

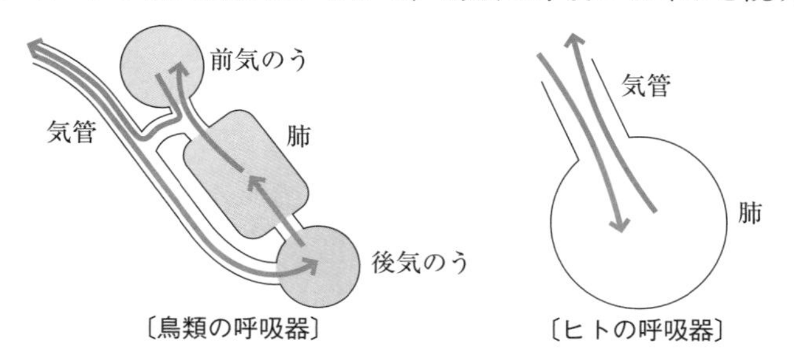

〔鳥類の呼吸器〕　〔ヒトの呼吸器〕

空気はどう流れるのですか？

鳥類の場合，気管から入ってきた空気は「後気のう → 肺 → 前気のう → 体外」と流れるんだよ。**ヒトの肺は袋のイメージで，同じ部位から空気が出入りするけど，鳥類の肺は空気が流れる通路というイメージ**です。ヒトの肺の場合，どうしても肺の中の空気をすべて呼吸で入れ換えることができないのですが，鳥類の肺の場合は，空気が通り抜ける構造なので，**肺の中の空気をすべて**

入れ換えられる構造になっています。

ガス交換の効率が良い構造なんですね！

哺乳類のウマ君！　肺で酸素を取り込むのは息を吸うとき，吐くとき？

それは，もちろん吸うときです！

哺乳類の場合はそうだよね。鳥類は**横隔膜**をもたず，筋肉をつかって気のうを膨らませたり縮ませたりして呼吸をします。

息を吸うときは，左下図のように**両方の気のうを膨らませます**。すると，**吸った空気は後気のうに移動**します。このとき，前気のうも膨らんでいるため，**後気のうに入っていた新鮮な空気が肺を通って前気のうへと送られます**。

このときに，肺で酸素を取り込むんですね！

そして，息を吐くときは右下図のように**前後の気のうが縮みます**。すると，**前気のうに入っていた CO_2 の多い空気は体外に向かって移動**します。このとき後気のうも縮むため，**後気のうに入っていた新鮮な空気が肺を通って前気のうへと送られます**。

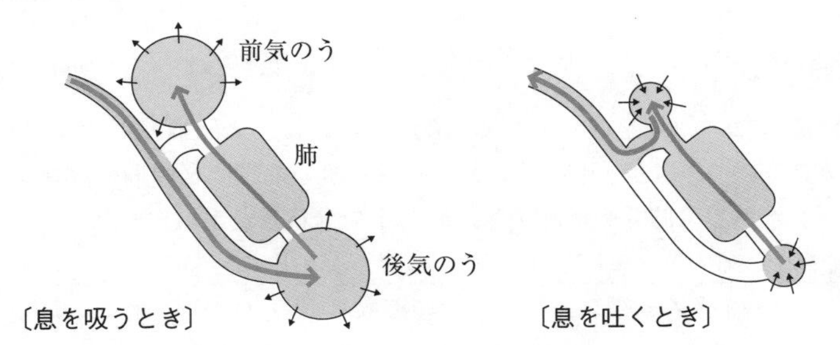

えぇっ！　息を吐くときにも新鮮な空気が肺を通るんですか?!

その通りです。**鳥類は，息を吸うときにも吐くときにも肺に新鮮な空気が送り込まれ，酸素を血液中に取り込むことが可能**なんです！　このように，鳥類の呼吸器は非常に酸素の取り込み能力が高いので，酸素の薄い場所でも十分な酸素を血液に供給することが可能となるんですね。

スゴイですね。
このような呼吸器は鳥類だけがもつんですか？

現在の地球では，鳥類だけですね。でも実は，**恐竜**が気のうをもっていたと考えられています。今から約2.0～2.5億年前の**三畳紀**に，鳥類・恐竜・ワニの祖先において気のうが生じ，この気のうを獲得したことが後の恐竜の繁栄につながる１つの要因と考えられています。というのも，ジュラ紀の最初は酸素濃度が低く，16％程度(現在は21％)だったと考えられているんです。

なるほど，酸素濃度が低くてもこのシステムがあれば，
効率的に酸素を取り込めるんですね。

そうなんです。だから，酸素濃度の低いジュラ紀初期に恐竜が繁栄を開始することができたと考えらえています。

ワニは気のうをもたないんですね。

ワニについては，祖先は気のうをもっていたけど，進化の過程で退化したと考えられていますよ。

類題にチャレンジ 31

解答 → 別冊 p. 25

ヒトは呼吸によりO_2を取り入れている。呼吸には，肺と血液との間のO_2とCO_2の交換(ガス交換)である「肺呼吸」と，血液と組織の細胞との間のガス交換である「細胞呼吸」がある。<u>肺呼吸は肺動脈が肺の中で分枝した毛細血管と，［ア］が分枝して形成された肺胞との間で行われるもので，肺の中に空気を出し入れする呼吸運動を伴う</u>。ガス交換の結果，血しょう中に拡散したO_2は［イ］に入り，［ウ］と結合して組織に運ばれる。一方，組織から出たCO_2の大部分は［エ］となり，血しょうに溶解して運ばれる。

問１　文中の空欄に適語を入れよ。

問２　下線部に関して，肺に空気を取り込む(吸気)呼吸運動はどのように行われるか。「骨格筋・胸郭(きょうかく)・横隔膜・胸腔」の４つの用語をすべて用いて簡潔に説明せよ。なお，「胸郭」は胸部内臓を包む骨格，「胸腔」は胸郭の内部空間のことである。

（大阪医大）

質問 32 ③問題を解くための疑問 生物基礎

酸素解離曲線が苦手で・・・。

A 回答 文系，理系を問わず**酸素解離曲線**が苦手という学生は少なくありません。ちょっとした注意事項を徹底すれば，間違うことはなくなります。基本的な問題から順に進んでいきましょう。

まずは右の酸素解離曲線（図１）を見てください。酸素解離曲線は，**酸素濃度（酸素分圧）と酸素ヘモグロビンの割合との関係**を示したグラフです。

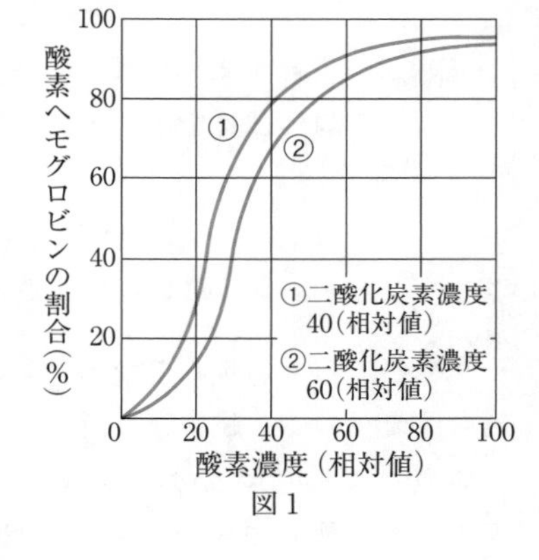

図１

グラフが２本ありますね。

ヘモグロビンの酸素親和性（酸素との結合しやすさ）はCO_2濃度の影響を受け，**CO_2濃度が高いほど酸素親和性が低下**します。

よって，異なるCO_2濃度で測定すれば，当然グラフも変わりますね。それでは，図１のグラフを使って次の問題にチャレンジしてみましょう！

問１ 肺胞での酸素濃度は相対値100，二酸化炭素濃度は相対値40であり，組織での酸素濃度は相対値30，二酸化炭素濃度は相対値60である。肺胞と組織における酸素ヘモグロビンの割合（%）をそれぞれ求めよ。

肺胞については，二酸化炭素濃度が40なので，①のグラフで酸素濃度が100の点を読めばOKですよね。93%くらいでしょうか？
同じように，組織については，②のグラフで酸素濃度が30の点を読んで，40%くらいですね！

正解です！　では，この問題の結果を踏まえて，次の問題にチャレンジしてみましょう。

問 2 全ヘモグロビンのうちで，組織で酸素を解離するヘモグロビンの割合(%)を求めよ。

簡単です！　93－40＝53%です！

正解ですね。では，次の問題はどうかな？

問 3 酸素ヘモグロビンのうちで，組織で酸素を解離するヘモグロビンの割合(%)を求めよ。

ちょっと問題の表現が違うけれど，
同じような雰囲気の問題だし，これも53%です。

…やってしまいましたね…！　ここの部分が酸素解離曲線の問題を解く上で最も重要なので，超丁寧に解説していきますよ！

肺胞では「100人のヘモグロビン君のうち93人が酸素をもっていて，7人が手ぶらの状態」ですね。一方，組織では「100人のヘモグロビン君のうち40人が酸素をもち続けていて，60人が手ぶらの状態」ですね。この状態をちゃんとイメージしてください！

血液が肺から組織に流れていき，全員，つまり**100人のうちでもっていた酸素を離したヘモグロビン君は何%ですか？**

$$\frac{93-40}{100}\times 100=53\%$$ **です。**

そうです，これが **問 2** のイメージです。では，**酸素をもっていたヘモグロビン君のうちで，もっていた酸素を離したヘモグロビン君は何%ですか？**

あぁ，そうか！　この場合， $\frac{93-40}{93}\times 100\fallingdotseq 57\%$ **ですね！**

気づいたようですね。これが **問 3** のイメージです。**問 3** の**「酸素ヘモグロビンのうちで」**という表現が，**「93人の酸素を運んできたヘモグロビン君のうちで」**ということなんです！　**問 3** では，最初から酸素をもっていないヘモグロビンは計算に入らないんですよ。

このように，酸素解離曲線の問題を解くときには**「全ヘモグロビンのうち…」**という計算問題なのか，**「酸素ヘモグロビンのうち…」**という計算問題なのかを，**しっかりと読み取る**ことが重要です。それでは，せっかくなのでもう少し発展的な問題にもチャレンジしましょう。

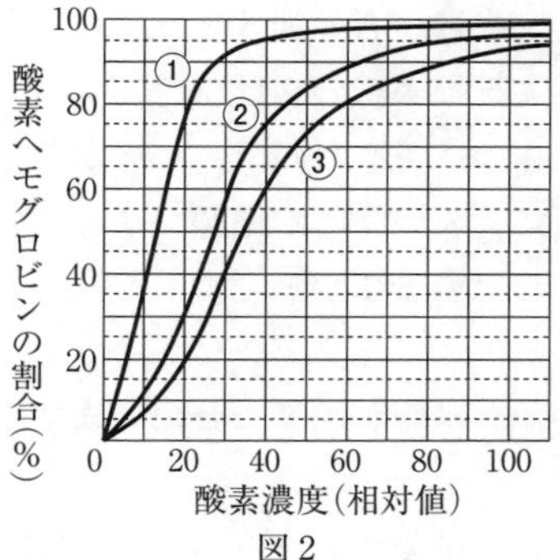

図２

右の図２は，ヒトのヘモグロビンの酸素解離曲線です。図２の３本のグラフは二酸化炭素濃度(相対値)が０，40，および60のときのもののいずれかです。

動脈血の酸素濃度(相対値)を100，二酸化炭素濃度(相対値)を40，**静脈血**の酸素濃度を30，二酸化炭素濃度を60として，図２についての次の **問４** を解いてみてください。

問４　血液は100mLにつき最大で21mLの酸素を運搬するものとすると，血液100mLが組織で解離する酸素は何mLか。最も適当なものを次から１つ選べ。

①　7.6　　②　8.0　　③　8.4　　④　11.8
⑤　12.2　　⑥　12.6　　⑦　20.2　　⑧　20.6

「最大で」という表現がポイントですね。

その通り！　「最大で」という表現をイメージで言い換えると，「100人のヘモグロビン君が全員酸素と結合していた場合に」となります。100mLの血液に含まれるすべてのヘモグロビン君が酸素と結合していた場合に21mLの酸素を運搬するということは，100mLの動脈血が運搬している酸素はいくらですか？

O_2 濃度が100，CO_2 濃度が40なので，グラフは②で，酸素ヘモグロビンが約96%です。ということは，$21 \times \frac{96}{100}$ で求められます！

そうですね！　同様に，100mLの静脈血が運搬している酸素の体積は，③のグラフから，$21 \times \frac{40}{100}$ mL　となります。

よって，100mLの血液が組織で解離した酸素の体積は，

$$21 \times \frac{96}{100} - 21 \times \frac{40}{100} = 21 \times \frac{96-40}{100} \fallingdotseq 11.8\,\mathrm{mL}$$

となり，④が正解ですね。

次に，右の図3を見てください。図3の実線と破線のグラフは，一方が哺乳類の母体のヘモグロビン，他方が胎児のヘモグロビンの酸素解離曲線です。どちらが胎児だと思いますか？

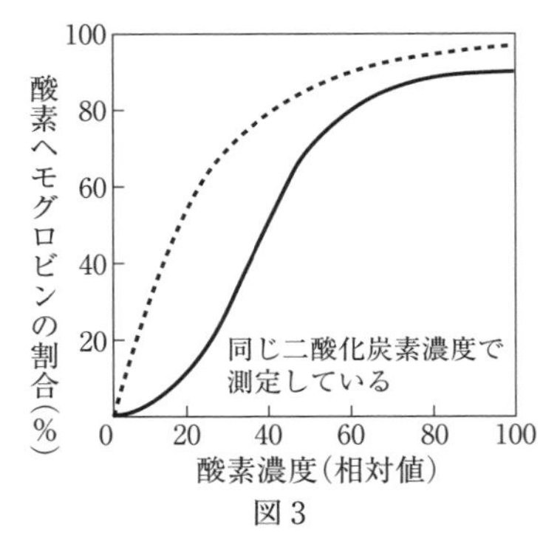

図3

破線が胎児だと思います！

正解です！ そう考えた理由を説明できますか？

胎盤でお母さんのヘモグロビンから酸素をもらうためには，胎児のヘモグロビンの酸素親和性の方が高い必要があります。

その通りです！ 哺乳類の**成体のヘモグロビンは，α グロビンと β グロビンが2本ずつ結合**しているんですが，**胎児のヘモグロビンは α グロビンと γ グロビンが2本ずつ結合**しています。これが図3の酸素解離曲線の違いにつながるんですよ。**胎児ヘモグロビンの方が酸素濃度の低い環境での酸素親和性がかなり高いので，胎盤で母体のヘモグロビンが解離した酸素を受け取ることができる**んですね。

類題にチャレンジ 32

解答 → 別冊 p. 25

右図は，肺胞と組織における二酸化炭素分圧での酸素解離曲線である。

問1　組織における二酸化炭素分圧での酸素解離曲線は，A，Bのどちらか。

問2　血液のヘモグロビン濃度を15g/100mLとし，ヘモグロビン1gに最大で1.4mLの酸素が結合できるとした場合，組織で放出される酸素は血液100mL当たり何mLか。ただし，小数点以下第2位を四捨五入せよ。なお，肺胞と組織における酸素分圧は，それぞれ100mmHg，30mmHgとする。

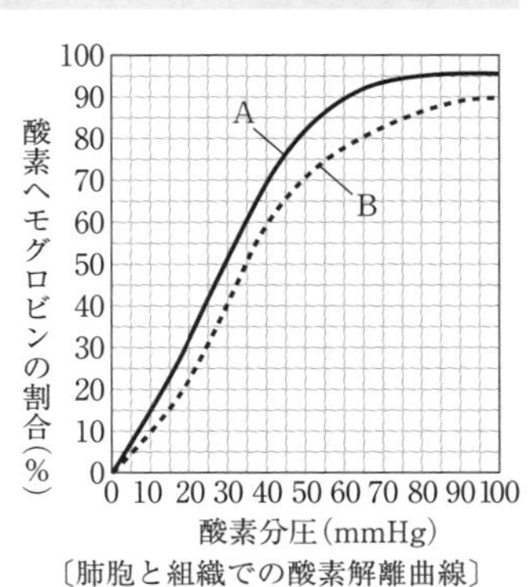

〔肺胞と組織での酸素解離曲線〕

(工学院大)

質問 33　①身近な疑問◆ノーベル賞◆　生物基礎・生物

アスリートが行っている高地トレーニングは，生物学的に何をしているんですか？

A 回答　高地トレーニングってどんなイメージかな？

酸素の薄い高地に慣れておく……。う～ん。

私たちのからだには，**酸素不足に対して赤血球を増やすしくみ**が備わっています。そこで，**酸素の少ない高地でトレーニングを行うことで，赤血球を増やして酸素運搬能力を高められる**んです。結果として，持久力を高めることになります。持久力を高めるために行うトレーニングだから，マラソンランナーとかが行うイメージですよね。100m 走のスプリンターが高地トレーニングしているイメージはないでしょ？

そうですよね！　ところで，どういうしくみで赤血球が増えるんですか？

低酸素に対して赤血球を増やすしくみが気になるよね！　このしくみを解明したことによって，セメンザ，ラトクリフ，ケーリンの３人が2019年のノーベル生理学・医学賞を受賞しました。

このしくみで中心的な役割を果たすホルモンが，腎臓でつくられるエリスロポエチン（EPO）というタンパク質のホルモンです。セメンザは，酸素濃度が低いときに*EPO*遺伝子の転写を促進する転写促進因子を発見し，低酸素誘導因子（Hypoxia-inducible factor：HIF）と名づけました。その後の研究によって，HIF は別のタンパク質（ここではタンパク質Ａとします）と結合して複合体となり，*EPO*遺伝子の転写を促進することも明らかになったんです（下図）。

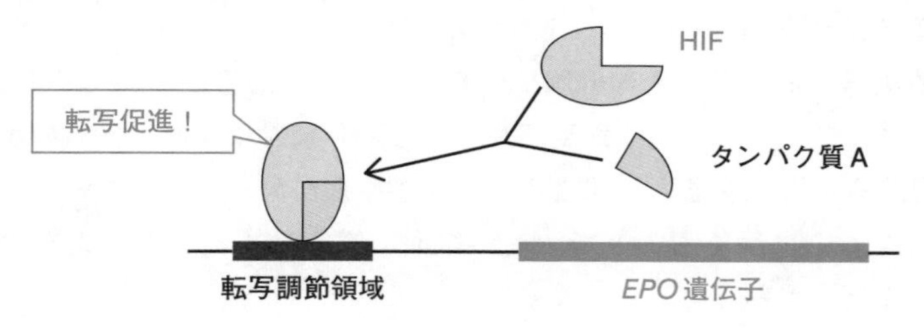

しかし，**酸素が十分に存在する環境では，HIF は VHL というタンパク質と結合し，速やかに分解されていきます**。酸素の多い・少ないと EPO の産生との間にどんな関係があるかわかりますか？

十分に酸素があると，EPO がつくられないですね！

その通りです。そのしくみを裏返すと，**酸素が不足している場合に EPO がつくられる**ことがわかりますね。そして，**EPO は骨髄にある赤血球になる途中段階にある細胞（赤芽球系前駆細胞）に作用し，この細胞の増殖と赤血球への分化を促進**します。その結果，**赤血球数が増えて酸素運搬能力が高まります**。

なるほど，これが高地トレーニングの効果なんですね！

このような低酸素応答についての研究は様々な広がりを見せ，発展しています。例えば，腎臓病が原因で貧血になる患者さんがいるんですが，どういう理由かわかりますか？

EPO がつくれなくなるからですか？

正解です！　腎臓病が原因で貧血になるしくみが解明されたことで，新しい薬の開発が進められるようになったんです。その１つがエベレンゾという HIF を活性化する薬です。さらに，EPO 製剤もつくられ，EPO を直接投与することもできるようになっています。

病気のしくみがわかると，薬を開発しやすくなるんですね。

ちょっと考えてみよう。**細胞に HIF が多く存在するということは，その細胞が酸素不足になっている**と考えられるよね。だから，多くの HIF がはたらいている細胞があると，その細胞に向かって新しい血管が伸びてくるんです。ふつうに考えると，理に適った素晴らしいしくみなんですが，**多くのがん細胞がこのしくみを悪用する**んですよ！　がん細胞が自分に向かって酸素を運んでくる血管を新たにつくることで，他の組織に送るはずだった酸素や栄養分を奪ってどんどん増殖してしまいます。

がん細胞が HIF をつくらないようにしたいですね。

そうですね。実際，**がん細胞が HIF をつくらないようにすることで，がん細胞に対する酸素供給を抑制する抗がん剤**の開発が進められているんですよ。

また，残念ながらこの低酸素応答のしくみを悪用するヒトもいます…。どう悪用すると思いますか？

悪用する方法なんて思いつかないです。

その代表例がドーピングなんです！　例えば，本来ならば貧血治療のために開発された EPO 製剤をアスリートに接種したら…。高地トレーニングなんていうしんどいトレーニングをしなくても，赤血球数を増やせちゃいますよね？

それはズルいですよ！　いいんですか？

もちろん，禁止ですよ！ 現在では，選手自身がつくる EPO と外から入れた EPO は明確に区別できるようになっていますが，一昔前は……，です。また，EPO 受容体の遺伝子の突然変異が原因で，常に EPO 受容体が活性化して赤血球数が多くなる遺伝子が存在することがわかりました。そして，あるノルディックスキーのオリンピック金メダリストがその遺伝子をもっていたんです。こうなると，これはドーピングではないですよね…。本当に難しい問題です。

確かに，その選手が生まれながらにもっている
遺伝子ですもんね。ズルではないですけど…。

EPO 遺伝子，*EPO* 受容体遺伝子のように運動能力に影響する遺伝子は200個近く見つかっており，スポーツ遺伝子と呼ばれることもあります。例えば，**骨格筋**でつくられる α アクチニンというタンパク質の遺伝子には，*R* 型，*X* 型という対立遺伝子があります。遺伝子型が *RR*，*RX* のヒトは瞬発力が大きく，短距離走のような運動に有利なんだそうです。他にもスポーツによってどんな怪我をしやすいかに影響する遺伝子などもあるそうです。

近年では，自分がどんなスポーツ遺伝子をもっているかを調べるキットも存在していて，スポーツの適性を遺伝子レベルで診断できるようになっています。

僕のような一般人がやるスポーツは遺伝子よりも努力とか環境とかの方が大事だとは思いますが，世界最高峰のアスリートのレベルになると，遺伝子が重要になってくるんですね。

類題にチャレンジ 33

解答 → 別冊 p. 26

細胞内には「低酸素誘導因子(HIF)」と呼ばれる転写調節因子が存在し，これがはたらくことによって低酸素状態への適応に必要な遺伝子が読み取られることになる。HIF は通常の酸素濃度であっても常に細胞内に存在しているが，その状態では VHL という別のタンパク質との結合が進み，転写調節因子としてはたらく前に分解されてしまう。また同時に，アスパラギンヒドロキシラーゼという酵素が，通常の酸素濃度では HIF の転写調節因子としてのはたらきを低下させている。つまり，二重の制御によって，HIF は通常の酸素濃度でははたらきが抑えられ，低酸素条件下でのみ，そのはたらきを示すことになる。

HIF が最終的にもたらす低酸素適応は大きく 2 つあると考えられている。1 つはホルモンであるエリスロポエチンの分泌である。これは常に赤血球増加につながる。もう 1 つは血管内皮細胞増殖因子の分泌で，これは新しい毛細血管の形成を促す。

問 1　低酸素状態にある細胞で何が起こり，体全体で何が起こるのかについて下図にまとめた。下図の空欄 ア ～ エ に，「活性化または増加」が入るなら①を，「不活性化または減少」が入るなら②を選んで入れよ。

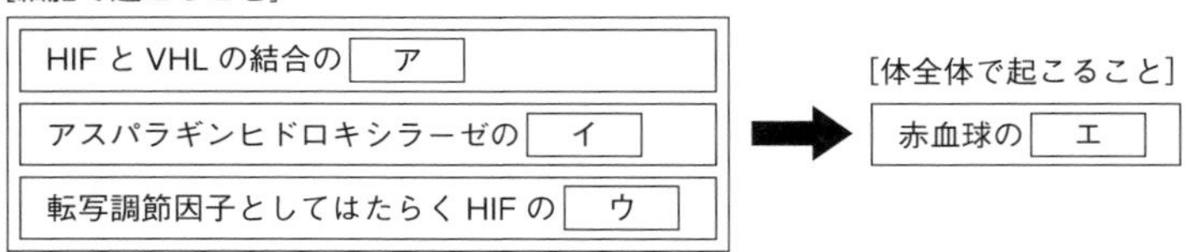

問 2　多くのがんにおいて HIF が高濃度で存在することが知られている。HIF 機能の結果として起こる血管の新生をがんが増殖する上で必要としているのだと考えられる。したがって，がん細胞の HIF 利用を妨げれば，がん制圧に効果的であると考えられ，現在多角的に研究は続いている。この事実を踏まえ，次のオ～キに書かれた試みが，がん細胞の活動を妨げると考えられれば①を，妨げず無効である，あるいはがん細胞の活動を助けると考えられるのであれば②を，それぞれ答えよ。

オ．アスパラギンヒドロキシラーゼの活性を抑える薬品を処方する。

カ．VHL の合成を妨げる薬品を処方する。

キ．HIF の合成を妨げる薬品を処方する。

(甲南女大)

質問 34 ③問題を解くための疑問 生物基礎

「原尿量＝尿量×イヌリンの濃縮率」という公式は，覚えるしかないんですか？

A 回答 公式の丸暗記で解けてしまう問題も少なくないので，「まぁいいか…」となっている受験生も多いようです。でも，「計算公式は納得して覚える！」を合言葉に学んでいきましょう。

まず，尿生成のしくみをチェックしましょう。

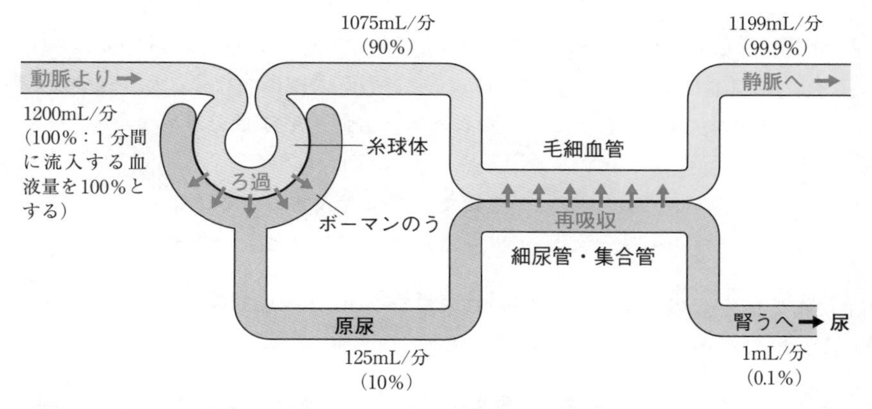

腎動脈から腎臓に流入した血しょうの一部が**糸球体**から**ボーマンのう**に**ろ過**されます。ろ過された液体が**原尿**です。血球はもちろんですが，血しょう中のタンパク質もボーマンのうにはろ過されないんでしたね。その後，原尿からグルコースや水分などが**再吸収**されて尿になります。

この尿の生成過程で，**濃度が何倍になったか**を**濃縮率**といい，次式で表されます。

$$\text{濃縮率} = \frac{\text{尿中濃度}}{\text{血しょう中濃度}}$$

なお，基本的にろ過の過程で溶質の濃度は変わらないので，**血しょう中濃度は原尿中濃度で言い換えることができます。**

では問題！　からだに不要な物質の濃縮率は大きいかな？　小さいかな？

不要な物質はあまり再吸収されないので，
尿中濃度が高くなるから…，濃縮率も大きくなります。

それがわかっていればOKです！　では，質問の回答を開始します。まず，**イヌリン！　イヌリンは植物がつくる多糖類の一種で，糸球体からボーマンのうにろ過されますが，全く再吸収されない物質です。**ということは，ろ過されたイヌリンはそのまますべてが尿中に排出されることになります。これを式にしたものが次式です。

ろ過されたイヌリンの量＝尿中に排出されたイヌリンの量

この式の左辺は，『**原尿中のイヌリンの量**』と言い換えられます。それでは，次の例題を見てみましょう！

例題　イヌリンを投与されたあるヒトについて，1分間の尿量は1mL，血しょう中のイヌリン濃度と尿中のイヌリン濃度はそれぞれ0.5mg/mL，60mg/mLであった。このヒトの1分間の原尿量を求めよ。

ただ公式に代入するのではなく，ちゃんと考えないと！　ですね。

ひとまず，このヒトの1分間の原尿量をx(mL)としてみようか。このヒトが1分間にろ過したイヌリンの質量は？

血しょう中のイヌリン濃度と原尿中のイヌリン濃度は等しいから，x〔mL〕×0.5〔mg/mL〕で，0.5x〔mg〕です！

その通り！　同様に，1分間に尿中に排出したイヌリンの質量は，

$$1〔\text{mL}〕\times 60〔\text{mg/mL}〕= 60〔\text{mg}〕$$

です。そして，両者が等しいので，

$0.5x = 60$，つまり，1分間の原尿量は120〔mL〕

となります。この計算を式にすると，

$$x〔\text{mL}〕\times 0.5〔\text{mg/mL}〕= 1〔\text{mL}〕\times 60〔\text{mg/mL}〕$$

ですね。ここで，原尿中のイヌリン濃度を右辺にもっていくと，

$$x〔\text{mL}〕= 1〔\text{mL}〕\times \frac{60〔\text{mg/mL}〕}{0.5〔\text{mg/mL}〕}$$

となり，質問された計算公式になりましたね。**この計算公式は，イヌリンの「ろ過されるが再吸収されない」という性質を利用した計算公式**なんですよ♪

類題にチャレンジ 34

解答 → 別冊 p. 26

1 植物によってつくられる多糖類の一種であるイヌリンは，腎臓でろ過されると細尿管で全く再吸収されず，尿中にすべて排出される。ある人に血中濃度が一定に保たれるようにイヌリンを投与すると，この間のイヌリン濃度が血中では0.8mg/mL，尿中では93mg/mLであった。この人の1分間当たりの尿の生成量が1.1mLであった場合，1分間当たりの原尿の生成量〔mL〕を四捨五入により整数値で答えよ。

（上智大）

2 尿量と濃縮率の積をクリアランスという。ある物質Xのクリアランスは原尿量に一致しており，物質Yのクリアランスは物質Xよりも小さい値となった。なお，物質Xと物質Yはともに糸球体からボーマンのうにろ過される物質である。

問1 物質Xは尿生成の過程でのろ過や再吸収について，どのような特徴をもつ物質か，簡潔に説明せよ。

問2 物質Xと物質Yで再吸収率が高い物質はどちらか答えよ。

質問 35 ③問題を解くための疑問 生物基礎

血糖濃度と尿生成との関係のグラフが難しいです。

A 回答 えーっと，下のグラフのことかな？

そうです，これです！

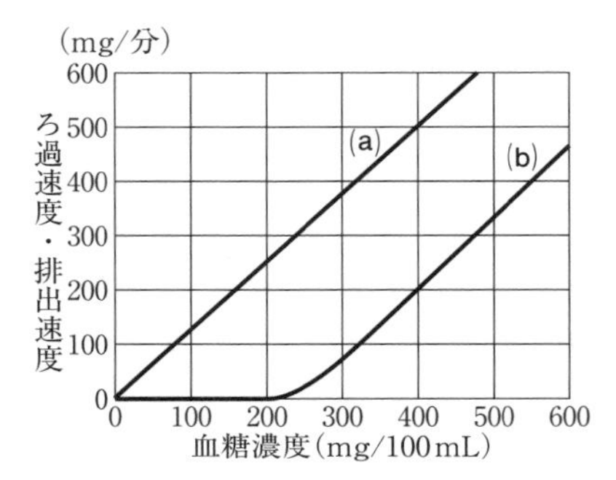

OK！ じゃあ，解説します。**血糖濃度**の正常値はどれくらいだったか覚えていますか？

1 mg/mL，およそ 0.1% と習いました！

そうですね。よって，この図の横軸の**「100 mg/100 mL」の血糖濃度が正常値**です。縦軸に注目すると，この２つのグラフの一方がグルコースのろ過速度，他方がグルコースの排出速度ですよね。

(b)のグラフは血糖濃度が正常値のとき 0 mg/ 分なので，排出速度と考えられます。また，血糖濃度が２倍になると糸球体からろ過される原尿中のグルコース量も２倍になる，というように，**血糖濃度と比例関係になっている(a)がろ過速度**です。ところで，次の関係式は納得できますか？

再吸収速度＝ろ過速度－排出速度

そりゃそうだ，という関係式ですね。

この関係式を用いると，グラフに再吸収速度を描き込めるよね。すると，**再吸収速度の限界値が300mg/ 分**ということが読み取れます。

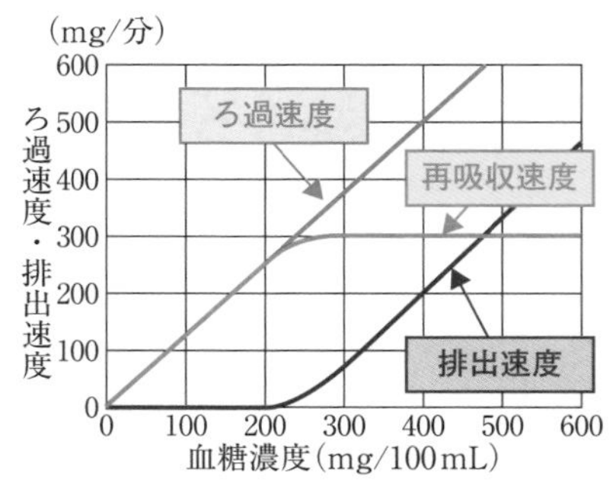

血糖濃度が正常値の２倍を超えたあたりから尿にグルコースが出始めるんですね！

さて，このグラフから**1分間の原尿量**を求められるよ！

え，本当ですか !?

1分間にろ過された液体の量を求めるので，(a)のグラフを見ましょう。血糖濃度が 400 mg/100 mL のところが見やすそうですね。このときのグルコースろ過速度は 500 mg/分です。ここで重要なことは次の **原 則** です！

> **原 則**　**ろ過される物質について，血しょう中濃度と原尿中濃度は等しい。**

この原則を踏まえ，1分間の原尿量を x(mL) として，立式してみましょう！

血しょう中のグルコース濃度 → $\dfrac{400(\mathrm{mg})}{100(\mathrm{mL})} = \dfrac{500(\mathrm{mg})}{x(\mathrm{mL})}$ ← 原尿中のグルコース濃度

この式を解けば，1分当たりの原尿量が 125 mL と求められますね！

本当だ，スゴイ！　この 原 則 を式にするんですね！

類題にチャレンジ 35

解答 → 別冊 p. 27

右図は，グルコースの血しょう濃度と原尿および尿へのグルコースの移動量との関係を調べたものである。なお，このヒトの腎臓の機能は正常である。

グルコース移動量(mg/分)
700
600
500
400
300
200
100
0
原尿への移動
尿への移動
0　100　200　300　400　500　600
血糖濃度 (mg/100 mL)

問1　糖尿がみられる血糖濃度の閾値を答えよ。

問2　原尿からのグルコース再吸収速度〔mg/分〕のおよその最大値を答えよ。

問3　グラフの値に基づき，このヒトの1分間の原尿量を求めよ。

（自治医大）

質問 36

②教科書についての疑問◆ノーベル賞◆　生物基礎

ホルモンが，特定の標的細胞にのみ作用するのはなぜですか？

A 回答　**ホルモンは内分泌腺から血液中に分泌され，全身に運ばれて，特定の標的細胞のみに作用します。**例えば，**甲状腺刺激ホルモン**は**甲状腺**だけでなく肝臓にも腎臓にも運ばれますが，甲状腺に特異的に作用します。不思議ですよね。

標的細胞は，特定のホルモンにだけ強く結合する受容体というタンパク質をもっています。甲状腺刺激ホルモンの場合，甲状腺には多数の受容体があってこのホルモンに強く応答しますが，肝臓や腎臓には受容体がなく，このホルモンに対して反応しないんです。下図において，ホルモンAは標的細胞Aには作用するけど，標的細胞Bには作用しないでしょ？

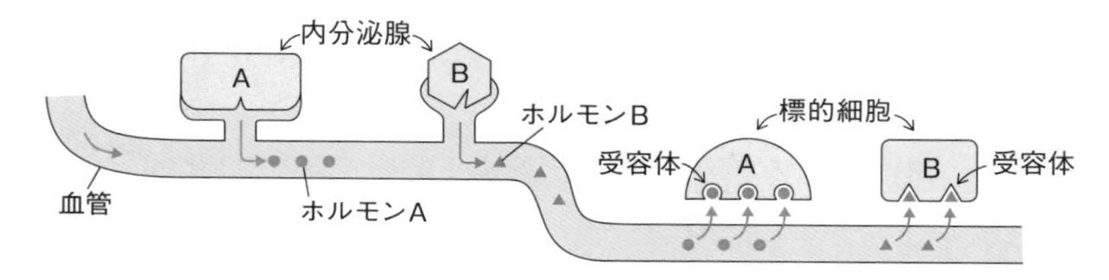

ホルモンごとに決まった受容体があるんですね。

基本的にはそういうイメージです。ただし，１つのホルモンに対して受容体が何種類もある場合があります。例えば，**副腎髄質**から分泌される**アドレナリン**の受容体には複数種類あって，血管の細胞がもつ受容体と，肝臓や骨格筋がもつ受容体は異なります。これによって，同じホルモンであっても標的細胞ごとに違った作用を及ぼすことが可能となっているんですね。

なるほど！　アドレナリンは血管の収縮促進，
肝臓や骨格筋の代謝促進にはたらきますよね。
受容体の違いがポイントなんですね。

ホルモンの受容体って大事なんですよ♪

ホルモンの受容体は標的細胞の細胞膜上に存在するものと，細胞内に存在するものがあります。

タンパク質でできている**インスリン**や**成長ホルモン**のような**水溶性のホルモンは細胞膜を通れない**ので，標的細胞の**細胞膜上の受容体**に結合します。

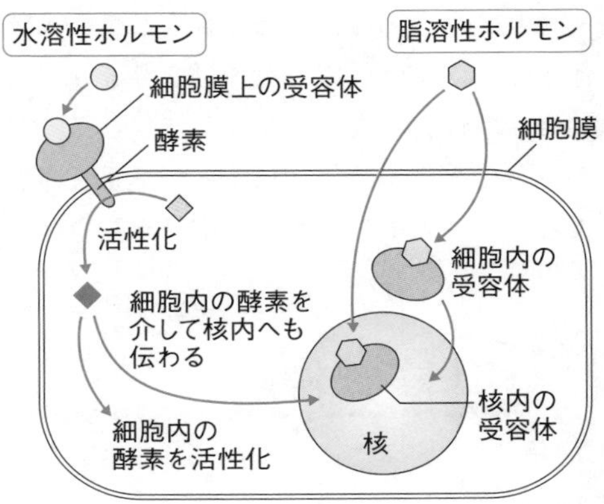

ホルモンが細胞膜上の受容体に結合すると，何が起きるんですか？

ホルモンが細胞膜上の受容体に結合すると，細胞内で酵素の活性が高まるんだよ。酵素活性が変化するしくみの違いから，一般に，**Gタンパク質共役型受容体**(GPCR：G protein-coupled receptor)と**酵素型受容体**に大別されます。

GPCRの作用は下図のイメージです。GPCRは細胞内部でGタンパク質とゆるく結合しています(①)。ここにホルモンが結合するとGタンパク質が活性化し，GPCRから離れます(②)。活性化したGタンパク質が細胞膜上にある酵素と出会い，その酵素の活性を変化させます(③)。これによって標的細胞内で化学反応がドシドシと起こり，ホルモンに応答することになります。

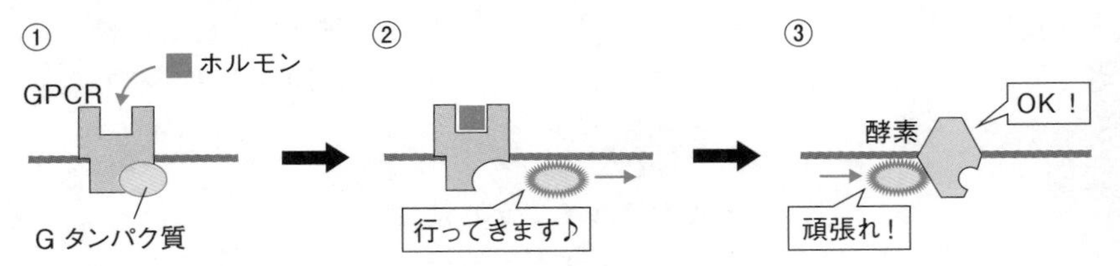

Gタンパク質が発射される感じが面白いです！

そうですね！　Gタンパク質の発見・解明などにより，レフコウィッツとコビルカは2012年のノーベル化学賞を受賞しました。

次は酵素型受容体です。次ページの酵素型受容体の代表的なパターンを示した図を見ながら読み進めましょう。

通常，受容体は単量体で存在しています(①)が，ホルモンが結合すると受容体どうしが結合して二量体になります(②)。すると，受容体の内部にリン酸が結合し活性化した状態になります。ここに細胞内の特定の不活性型タンパク質がやってきて，受容体によって活性化されます。この活性化したタンパク質によって，ホルモンに対する応答が起きるんです！

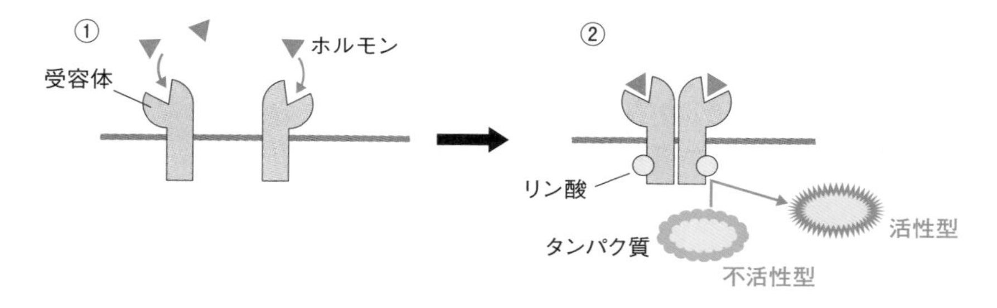

前ページの図にも描かれていますが，**脂溶性ホルモン**である**糖質コルチコイドやチロキシン**などは細胞膜を通れるので，受容体が**細胞内**にあります(右図)。ホルモンが受容体に結合して複合体が生じると，複合体は**DNAの特定の遺伝子の転写調節領域に結合する調節タンパク質(調節因子)**としてはたらき，**特定の遺伝子の転写を調節**します。

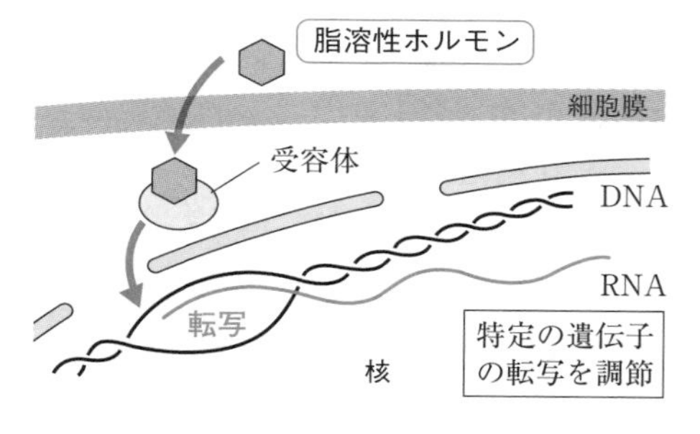

大雑把にイメージするならば，水溶性ホルモンは標的細胞における代謝を変化させるイメージ，脂溶性ホルモンは標的細胞の遺伝子発現を変化させるイメージです。

どんなホルモンが水溶性で，
どんなホルモンが脂溶性なんでしょうか？

高校で学ぶ範囲でまとめると，下表のようになります。

水溶性ホルモン	脳下垂体ホルモン(成長ホルモン，甲状腺刺激ホルモン，バソプレシンなど) インスリン，グルカゴン，パラトルモン，アドレナリン，セクレチン
脂溶性ホルモン	糖質コルチコイド，鉱質コルチコイド， チロキシン

類題にチャレンジ 36

解答 → 別冊 p. 28

1 タンパク質でできているホルモン(ペプチドホルモン)に関する記述として最も適当なものを，次から１つ選べ。

① ペプチドホルモンは，細胞膜を通過して，細胞質に存在する受容体タンパク質と結合し，細胞内の情報伝達に関わる分子(情報伝達物質)の量を調節したり，リン酸化酵素などの活性を変化させたりする。

② ペプチドホルモンは，細胞膜を通過して，細胞質に存在する受容体タンパク質と結合し，ペプチドホルモンと受容体タンパク質の複合体が調節タンパク質としてはたらき，遺伝子発現の調節に関与する。

③ ペプチドホルモンは，細胞膜に存在する受容体タンパク質と結合し，細胞内の情報伝達に関わる分子(情報伝達物質)の量を調節したり，リン酸化酵素などの活性を変化させたりする。

④ ペプチドホルモンは，細胞膜に存在する受容体タンパク質と結合し，ペプチドホルモンと受容体タンパク質の複合体が調節タンパク質としてはたらき，遺伝子発現の調節に関与する。

(センター試験)

2 ステロイドホルモンに関する記述として最も適当なものを，次からすべて選べ。

① 脂質に溶けやすい。

② 受容体は細胞膜に存在する。

③ 受容体にはGタンパク質が結合する。

④ 受容体との複合体はDNAの特定の部位に結合する。

⑤ 受容体に結合するとセカンドメッセンジャーがつくられる。

(兵庫医大)

3 原核生物では，機能的に関連のある遺伝子が隣接して存在し，まとめて転写されることが多い。一方，真核細胞では機能的に関連する遺伝子がゲノムの様々な領域に存在するにもかかわらず，同時に転写されることが多い。例えば，ショウジョウバエの蛹化を促進するホルモンはエクジステロイドと呼ばれ，蛹化に必要な一群の遺伝子の転写を開始させる。そのしくみを，以下の４つの語句をすべて用いて120字程度で説明せよ。

[語句] エクジステロイド，受容体，調節タンパク質，調節領域

(山口大)

質問 37　②教科書についての疑問　生物基礎

教科書に載っている血糖濃度のグラフで，気になることがあるんです・・・。

A 回答　お馴染みのグラフだね！　このグラフのどこが気になるのかな？

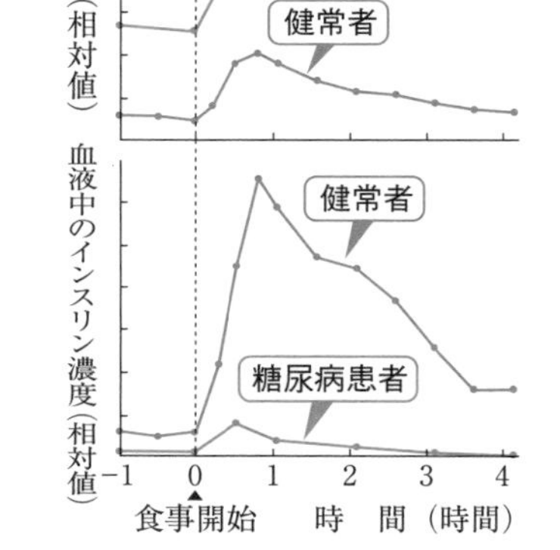

食事開始と同時にインスリンが分泌されているように見えるんです。

おぉ！　素晴らしいところに気づきましたね。インスリンを分泌するしくみについて，高校の生物では次の２つのルートを学んだよね。

① **間脳視床下部が血糖濃度の上昇を感知し，副交感神経によってランゲルハンス島B細胞（以下，B細胞）が刺激され，インスリンが分泌される。**

② **B細胞自身が血糖濃度の上昇を感知し，インスリンを分泌する。**

実際は，この２つ以外にもインスリンを分泌するしくみは色々とあるんです。その１つが**頭相分泌**と呼ばれるしくみです。頭相分泌では，舌の**味蕾**（みらい）で甘味刺激を受容して生じた興奮が脳に伝わり，副交感神経によってB細胞が刺激されて，インスリンが短時間分泌されます。甘味刺激による分泌なので，血糖濃度の上昇につながらない人工甘味料でも分泌が促進されます！

確かにそのルートだと，食事を始めてスグにインスリンが出ますね！

インスリンの分泌以外にも，**胃液**や**すい液**といった消化液の分泌のしくみにも頭相分泌があるんだよ。食べ物の話をしたり，食べ物を見たりするだけでもわずかに胃液が分泌されることが知られているんです！

食べ物を見るだけで消化液が出るなんて!!

インスリンの頭相分泌は，甘味刺激で促進されるんですが，動物にグルコースやサッカリン（人工甘味料の一種）を飲ませた後に**中毒症状**を起こさせるような経験をさせて甘味刺激を嫌がるように学習させた場合は，頭相分泌がほとんど起こらなくなるんです。つまり，**甘味刺激だけではなく，甘味刺激に加えて快さ**（＝美味しい😋という感覚）**が伴うことで頭相分泌が起こる**んです。右図は，グルコースとサッカリンに対するインスリンの頭相分泌量について，通常の場合（青の棒グラフ）と甘味刺激を嫌がるように学習した場合（黒の棒グラフ）とを比較した結果です。

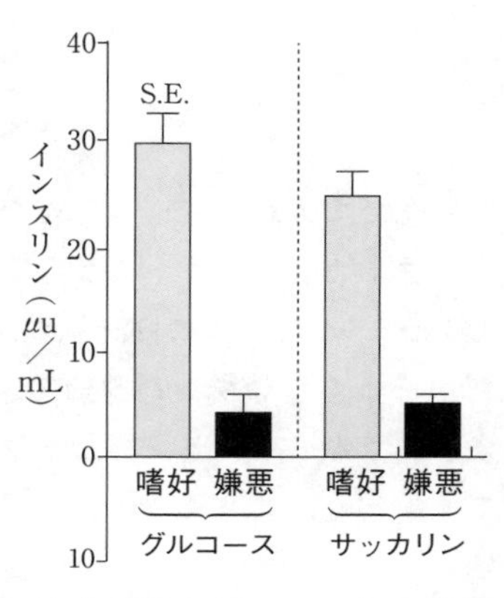

また，頭相分泌とは別のインスリン分泌のしくみとして，GLP-1によるものがあります。小腸壁の細胞がグルコースを受容すると，GLP-1というホルモンを分泌します。**GLP-1はB細胞にあるGLP-1受容体に結合し，血糖濃度の上昇に伴うインスリン分泌を促進**します。グルコースが吸収されて血糖濃度が上昇する前の時点で，インスリンを分泌するしくみが動き出しているんです。このしくみによって，血糖濃度の上昇とほぼ同時にインスリンの持続的な分泌が開始されることになります！

小腸でグルコースを取り込む段階で，
インスリン分泌のしくみが動き始めるんですね!!

GLP-1の他にも消化管は様々なホルモンを分泌しているんですよ。教科書で紹介されている**セクレチン**もそうでしょ？

確かに！　十二指腸から分泌される，
すい液分泌を促進するホルモンですよね。

素晴らしい！　さて，せっかくなのでGLP-1をもう少し詳しく学んでみましょう。

GLP-1はインスリン分泌を促進するので，「糖尿病の治療に使おう！」となったんですが，GLP-1を注射してもあまり効果がないことがわかったんです。実は，体内にはGLP-1を分解する酵素があって，せっかく注射してもすぐに分解されてしまうんです。

それじゃあ，結局，糖尿病の治療には役に立たないっていうことですか？

残念ですよね。でも，そんな中，スゴイものが見つかったんです！　アメリカドクトカゲというトカゲが獲物や外敵に向けて吹きかける毒液の中に，エキセンジン-4という物質が見つかったんです。この物質は**GLP-1とアミノ酸配列がそっくりなタンパク質で，GLP-1と同様にインスリンの分泌を促進できます**。しかも，**アミノ酸が一部異なることで，ヒトの体内で分解されにくい**んです。現在，エキセンジン-4は糖尿病の治療薬として使われるようになっています。

エキセンジン-4のようにGLP-1と似たタンパク質からなる糖尿病治療薬は「GLP-1受容体作動薬」と総称され，様々な種類があり，今後，さらに有効で使い勝手のよいGLP-1受容体作動薬が開発されると思います。

さて，インスリン分泌のしくみには様々なものがあり，食事を開始したら速やかにインスリンが分泌される理由もわかってもらえたと思います。次の「類題にチャレンジ」に取り組んでみましょう！

類題にチャレンジ 37

解答 → 別冊 p. 29

1 問1　ヒトの体内にあるGLP-1を分解する酵素は，エキセンジン-4を分解することができない。これは酵素の何という性質によるためか答えよ。

問2　1型糖尿病の患者に対してGLP-1受容体作動薬を投与した場合，糖尿病の改善効果があると考えられるか，それともないと考えられるか。理由とともに90字程度で説明せよ。

2 以下の文中の［ア］には適当な数値を，［イ］にはすい臓から分泌されるホルモンの名称を答えよ。

食欲を抑制する遺伝子が破壊されたマウスは，肥満マウスとなり［ア］型糖尿病を発症する。このマウスに［イ］受容体の機能を特異的に阻害する抗体を投与したところ，投与した抗体が残存している期間，血糖濃度を低く保つことができた。この結果から，［イ］が糖尿病治療薬の創薬のターゲットになる可能性があることが示された。

質問 38 ①身近な疑問◆ノーベル賞◆ 生物

体内時計ってよく聞くんですが，時計はどこにあるんですか？

A 回答 **体内時計(生物時計)**という単語はよく耳にしますよね。ヒトだけではなく，体内時計は多くの生物にありますが，**ヒトの場合は，体内時計は脳にあります！** 脳の中でも視交叉上核という聞きなれない部位にあることがわかっています。

視交叉というのは，
視神経が左右でクロスするやつですか？

よく勉強していますね，正解です。**網膜の鼻側で受け取った光の情報を脳に伝える視神経が交叉して，反対側の視覚野に繋がる**んですね！ 視交叉上核は，視交叉の上にあるニューロンの塊のような組織で，ここにあるニューロンが約24時間周期のリズム(**概日リズム**)をもっています。

細胞が約24時間周期のリズムをもつしくみって
どうなっているんですか？ 想像もつかないです。

そうだよね。大雑把にいうと，**フィードバック調節を上手く駆使して約24時間周期のリズムをつくる**んです。この概日リズムの形成に関わる遺伝子は時計遺伝子と呼ばれます。

最初に発見された時計遺伝子は，概日リズムが狂ったショウジョウバエから発見された *Period* という遺伝子(*Per* 遺伝子)です。period は「周期」という意味ですから，そのままですね。*Per* 遺伝子の特定はホール，ロスバッシュ，ヤングによって1984年に行われました。この３人は，この功績などが評価され，2017年にノーベル生理学・医学賞を受賞しています。

Per 遺伝子の特定以降，時計遺伝子が次々に発見されています。ショウジョウバエからは *timeless* 遺伝子や *Bmal* 遺伝子が，マウスから *Clock* 遺伝子が，植物からは *Cryptochrome* 遺伝子(*Cry* 遺伝子)が発見されました。

Clock とか，名前がわかりやすいですね。

もちろん「時計」という意味もあるけど，「Circadian Locomotor Output Cycles Kaput（概日運動器出力サイクル異常）」という語句の頭文字をとった名前でもあるんだって。オシャレなネーミングですよね！　これらの遺伝子がヒトの視交叉上核の細胞でどのようにはたらいているか，次から説明します！図を見ながらしっかりと流れを追いかけてください。

Bmal 1 遺伝子と *Clock* 遺伝子から，それぞれ BMAL1，CLOCK というタンパク質がつくられ，両者が結合します。**「BMAL1/CLOCK 複合体」は転写調節因子としてはたらき，*Per* 遺伝子や *Cry* 遺伝子などの転写を促進します。** すると，*Per* 遺伝子と *Cry* 遺伝子から，それぞれ PER，CRY というタンパク質がつくられ，両者が結合します。**「PER/CRY 複合体」は，「BMAL1/CLOCK 複合体」による転写促進効果をうち消すようにはたらきます。**

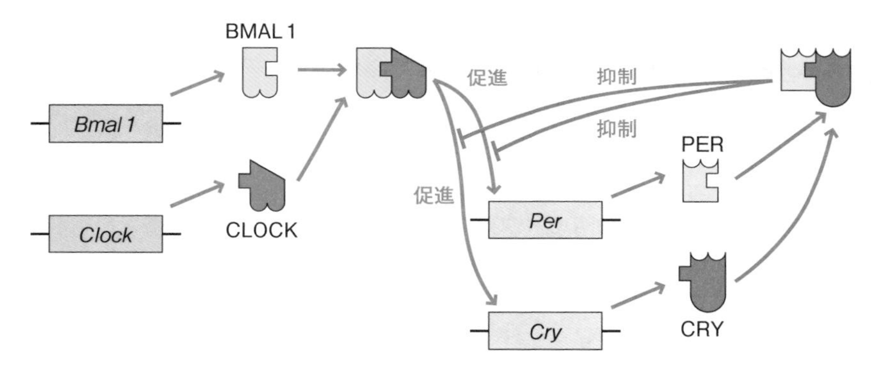

PER と CRY がつくられると，これらが PER と CRY の合成を抑制する…，負のフィードバック調節ですね！

その通りです。実際にはこのフィードバック調節には他の因子もたくさん関わっており，結果として PER と CRY の量的な変化が約24時間周期になります。

すごく複雑で巧みなフィードバックですね。

そうですね，生物の神秘だと思います！　また，この**体内時計のフィードバック調節のしくみは，光などの影響を受ける**ことがわかっています。「朝日を浴びると時差ぼけが治る」とか「寝る前にスマホをいじっていると睡眠の質が下がる」なんて言われるのは，この光による影響です。

僕，寝る直前までスマホいじっていますけど…。

通常，朝になると PER が増加していきます。その後，お昼を過ぎた頃から負のフィードバック調節によって PER が減少していき，夜に入っていきます。実は，光を浴びると *Per* 遺伝子の発現が促進されることがわかっています。

よって，「そろそろ寝よう…」というタイミングで光を浴びると，PER が増加してしまい，からだが夜モードになりにくくなるんですね。

寝る前のスマホの話ですね！

このとき光はどこで受け取ると思いますか？

眼じゃないんですか？

もちろん眼の**網膜**なんだけど，**錐体細胞**と**桿体細胞**ではなく，メラノプシン含有網膜神経節細胞(**m**elanopsin containing **r**etinal **g**anglion **c**ell：mRGC)という細胞が光を受容しています。**mRGC は青色光を受容すると興奮し，この興奮は視交叉上核に伝えられます。**視交叉上核のニューロンに興奮が伝達されると，Ca^{2+} の流入などが起こり，このニューロンで *Per* 遺伝子の発現が促進されます。PER が合成されることによって体内時計がずれるんです。つまり，青色光(ブルーライト)が体内時計に対して大きく影響するということです。スマホやパソコンの画面から出てくるブルーライトね。朝日を浴びることで，体内時計のズレを修正できるのも青色光による PER の増加によるので，一概に青色光が悪いというわけではありません，念のため。

なんか，もう，寝る前のスマホは止めよう
という気持ちになってきました…。

体内時計が狂ったことが原因で不眠などの睡眠障害などになることがあります。睡眠障害については，興味深いデータがあります！

睡眠障害がある**白内障**の患者さんの半数以上が，白内障の手術によって睡眠障害が改善したそうです。**白内障は水晶体が濁ってしまう疾患**ですね。白内障のために青色光が mRGC に届きにくくなり，体内時計の修正・調節がうまくいかなくなっていたことが睡眠障害の原因だった可能性があると考えられています。体内時計の乱れは睡眠障害だけでなく，高血圧・糖尿病・うつ病などの原因にもなることがわかっており，体内時計のしくみの解明はこれらの病気の治療や予防に役立つ可能性があると期待されています。

類題にチャレンジ 38

解答 → 別冊 p. 30

哺乳類の生物時計(体内時計)すなわち自律的な振動子である時計本体は，視床下部の視交叉上核と呼ばれる約１万個の神経細胞からなる１対の神経核(神経細胞の集団)に存在する。視交叉上核は，外界からの光が眼に入力したのち左右の視神経が交差する視交叉と呼ばれる部位の近傍にあり，網膜からの神経入力を受けることで外部の光の24時間の周期的変化に同調するという機能を有している。この視交叉上核を外科的手術によって破壊すると，活動量の日内変動などほぼすべての概日リズムが消失する。

分子生物学的解析から，生物時計が特定の遺伝子によって制御されていることがわかっている。現在では10種類以上の時計遺伝子が多くの生物種から見つかっている。哺乳類においても時計遺伝子 *Clock*，*Per 2* などが知られる。それらの遺伝子産物である CLOCK タンパク質と PER2 タンパク質は，遺伝子の転写のしかたを調節する転写調節タンパク質である。

真核生物の遺伝子の転写の調節機構は非常に巧妙である。転写の開始を助けるタンパク質である［ア］が，転写を担う酵素である［イ］とともに［ウ］領域に結合し，転写が開始される。CLOCK タンパク質は *Per 2* mRNA の転写調節タンパク質の１つとして，*Per 2* 遺伝子の転写開始部位付近にある［エ］領域に結合し，*Per 2* 遺伝子発現を促進する。そこで転写された *Per 2* mRNA から翻訳される PER2 タンパク質は，さらに別の時計遺伝子産物(CRY)と複合体を形成して核内に移行し，CLOCK タンパク質による *Per 2* 遺伝子の転写を抑制する。この［オ］のフィードバック調節機構が約24時間で行われることで，巧妙に生物時計の発振が行われている。

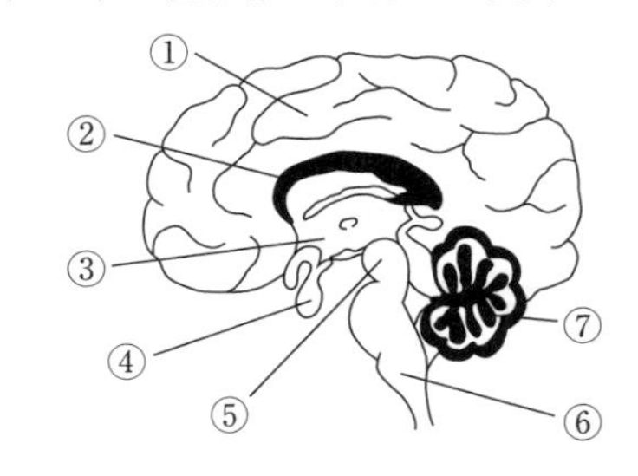

問１　文中の空欄に適語を入れよ。

問２　下線部の視床下部は右図の①～⑦のどの領域か，１つ選べ。　(愛知医大)

質問 39 ①身近な疑問◆ノーベル賞◆ 生物基礎・生物

ヒトに感染するウイルスには，どんなものがあるんですか？

A 回答 2020年からSARS-CoV-2というウイルス(一般に「新型コロナウイルス」と呼ばれている)によるCOVID-19が世界中で流行していますね。COVID-19のように感染が急拡大した感染症は新興感染症と呼ばれます。ヒトに感染するウイルスは非常に多くあります。以下に，代表的なものを紹介していきますが，問題集や過去問などに知らないウイルスが出てきたら，インターネットなどで調べてみると良いですよ。

① 麻疹(ましん)ウイルス

麻疹は一般には「はしか」と呼ばれることが多い感染症です。麻疹ウイルスは1本鎖のRNAを遺伝子としてもち，エンベロープという膜構造をもつタイプのウイルスです。

envelopeって「封筒」っていう意味ですよね。

そうです。ウイルスを包んでいる＝封筒のようなイメージからつけられたんですね。麻疹は紀元前3000年頃に中東で最初に流行し，ジワジワと世界に向けて広がっていき，西暦200年頃にローマ帝国や漢で，西暦1000年頃に日本で流行したことがわかっています。現在とは時代が違うので，中東から日本まで広がるのに約4000年かかったんですね。

麻疹はビタミンAが不足すると重症化しやすいことが知られており，発展途上国では死亡率が10〜30%にもなるといわれています。日本では定期予防接種が行われており，大流行にはなりにくいとされています。

② 肝炎ウイルス

肝炎は，肝機能が低下して発熱，吐き気，倦怠感(けんたいかん)などが起こり，後に肝硬変や肝臓がんに進む恐れもある病気です。A型肝炎ウイルス，B型肝炎ウイルス，C型肝炎ウイルスが代表的で，B型肝炎ウイルスはDNAウイルス，A型肝炎ウイルスとC型肝炎ウイルスはRNAウイルスです。

日本では1988年まで集団予防接種の際に注射器の使いまわしをしていて，これが原因でB型肝炎ウイルスが蔓延したとされており，患者に対して国が給付金を支給しています。

注射器の使いまわしとか，
今では考えられないですね！

C型肝炎ウイルスは基本的に血液感染をするウイルスで，かつては輸血による感染が起こり問題となりました。日本に患者が約200万人もいるとされています。このウイルスを発見したことにより，オルター，ホートン，ライスが2020年のノーベル生理学・医学賞を受賞しています。このウイルスが発見されたことによって，様々な治療薬の開発ができるようになったんです。

③ インフルエンザウイルス

これは有名ですよね。ヒトに呼吸器疾患などを引き起こす原因となるウイルスです。インフルエンザの歴史は古く，古代エジプトにおいて流行した(と考えられる)ことを示す記録があるそうです。

1918～1919年には世界的大流行(パンデミック)が起こりました。これは「スペイン風邪」として知られています。数字にバラつきはありますが，世界中で約５億人が感染し，約2000万人が死亡したといわれています。日本でも2000万人以上が感染し，30万人以上が死亡しています。

当時の日本の人口は，約5500万人だから，
とんでもない数字ですね！

現在では予防接種をすることで重症化をかなり防ぐことが可能となっているし，発症した際の薬も多く存在しますから，通常のインフルエンザ(A型，B型など)については，毎年冬に流行する風邪というイメージですね。

インフルエンザウイルスを根絶することは
できないんでしょうか？

天然痘ウイルスはワクチンによって根絶できたし，もちろん，この先，どんな未来が待っているかはわかりませんが，現状としては不可能と考えられています。

インフルエンザウイルスの根絶が無理だろうという根拠は様々ありますが，インフルエンザは発症する前の段階から他人に感染させてしまうことが大きいようです。「熱が出たから隔離！」では間に合いません。これは新型コロナウイルスも同じですね。

一方，2002年に発生したSARSコロナウイルスは，死亡率が10%と高く

危険なウイルスですが，発症してから１週間ほどは他人に感染させることがほとんどないんです。よって，発症した患者の隔離によって封じ込めできたんです。**発症前や発症直後に感染性があるかどうかの違いは非常に大きい**ですね。

④ 日本脳炎ウイルス

日本脳炎は麻疹と同様に，日本では定期予防接種されています。名前は聞いたことがあるんじゃないでしょうか。このウイルスはRNAを遺伝子としてもつウイルスで，ブタの体内で増殖します。

ブタは大丈夫なんですか？

ブタは大丈夫なんですが，ブタの体内で増殖することが問題なんです。このブタの血液をある種の蚊が吸い，その蚊がヒトを刺すことでウイルスがヒトの体内に入ってしまいます。ウイルスに感染すると約100〜1000人に１人の割合で脳炎を発症します。脳炎を発症した場合の死亡率は約20％で，後遺症も残りやすい危険なウイルスなんです。

日本脳炎の予防接種は1950年代から行われており，特に1970年頃に積極的に接種が行われたことで，日本脳炎の発症者は劇的に減少しています。根絶することはできませんが，予防接種によって防ぐことがしっかりとできるようになった病気ですね。

予防接種は大事ですね！

⑤ 水痘・帯状疱疹ウイルス

水痘は，一般的には「水疱瘡（みずぼうそう）」という病名で知られていますね。現在では予防接種が定期接種化され，水痘による入院患者を大幅に減らすことに成功しています。

僕の時代は予防接種していなくて「誰もが小さい頃にかかる病気だ！」みたいな扱いでした。僕も，幼稚園の頃，背中やお腹に赤いプツプツができて大変だった記憶があります。また，このウイルスは水痘が治癒した後も体内にずっと潜伏しています。そして，疲労・加齢・ストレスなどによって免疫力が低下したときに再び増殖し，帯状疱疹を引き起こしてしまいます。

予防接種をした若い世代のヒトは体内にウイルスが潜伏しておらず，帯状疱疹になる人数は将来的には減少していくと考えられています。子供の頃にウイルス感染した成人に対しては，加齢による免疫力低下などに備え，改めて水痘に対する免疫記憶を強化させる目的で予防接種を行うようになっています。

⑥ HIV(ヒト免疫不全ウイルス)

HIVについては教科書にも載っているので，色々知っていますよね。

ヘルパーT細胞に感染して，
免疫不全を引き起こすウイルスですね。

素晴らしい，正解です！　**HIVはRNAを遺伝子としてもつとともに，逆転写酵素をもつレトロウイルスの代表例**としても知られていますね。**HIVにより引き起こされる免疫不全はエイズ(AIDS，後天性免疫不全症候群)と呼ばれます。**エイズは1981年に発見されましたが，実際にはそれよりかなり前から感染は始まっていたと考えられています。また，アフリカで小型のサルを宿主とするSIV(サル免疫不全ウイルス)が突然変異を重ね，チンパンジーを経由してヒトへと感染するようになったこともわかっています。

フランスのモンタニエとバレシヌシはHIVを発見したことにより2008年のノーベル生理学・医学賞を受賞しました。

⑦ HPV(ヒトパピローマウイルス)

ドイツのハウゼンは，子宮頸がんを引き起こすHPV(ヒトパピローマウイルス)の発見により，2008年のノーベル生理学・医学賞を受賞しました。

がんを引き起こすウイルスがあるんですね。

そうなんですよ。しかし，HPVによる子宮頸がんはワクチン接種によって防ぐことができます。世界では90%以上の接種率の国，また積極的なワクチン接種の推奨により子宮頸がんの患者数を大幅に減少させている国も多くあります。子宮頸がんワクチンについては，その安全性が証明されるとともに，ワクチン接種後に起こった多様な症状について，ワクチンとの関係性がないことも確認されました。

2018年，WHO(世界保健機関)は「子宮頸がん排除に向けた世界的戦略」として，15歳までの女子のワクチン接種率90%，子宮頸がん検診の受診率70%などの目標を掲げました。

質問 40 ②教科書についての疑問◆ノーベル賞◆ 生物基礎

血清療法とはどういう医療行為で，どうやって開発されたんですか？

A 回答 **血清療法**は歴史のある医療行為で，1890年に北里柴三郎（新しい1000円札の顔ですね！）とベーリングが，破傷風菌とジフテリア菌に対する血清療法についての論文を発表したことに始まります。まず，歴史のお話をします。

破傷風菌は土壌中に広く生息している細菌で，傷口などから体内に侵入して毒素を産生します。毒素はテタノスパスミンというタンパク質で，筋肉の痙攣や呼吸困難などを引き起こす，非常～に強い危険な神経毒です。

19世紀後半，破傷風はヨーロッパでの新生児の主な死亡原因でした。不衛生な環境における出産で，へその緒から破傷風菌が侵入することが原因とされています。現在，先進国では衛生的な環境で出産するし，血清療法や**予防接種**もできるので，新生児が破傷風で亡くなることはほとんどありません。

破傷風がどんな病気なのか，わかってきました！

北里柴三郎は，破傷風に感染した動物を観察する中で，破傷風菌そのものが患者の全身に広がらないにもかかわらず，症状が全身に及ぶことから「破傷風菌そのものではなく，破傷風菌がつくりだす毒素が原因だ！」と予想しました。

そこで，次のような実験をしました。破傷風菌の培養液をメッチャ薄めてウサギに注射すると，ウサギは死ななかったんです。このウサギに対して，もう少し濃い培養液を注射しても大丈夫！　その後，ちょっとずつ濃度を高めていくと，明らかに致死量を超えている濃度でも死ななくなったんです!!

この実験は，結果的に予防接種をしていたことになりますね。

このウサギは，免疫記憶が成立していたんですね。

そして，この免疫記憶が成立しているウサギの血清を他個体に投与すると，投与されたウサギも破傷風菌の毒素で死ななくなったんです！　破傷風菌の毒素に対する抗体がタップリ含まれている血清をもらったおかげですね。

この実験が「抗体を含む血清を投与することで，体内の毒素などを不活性化

する」という血清療法を始めて成功させた実験です。北里柴三郎は第１回（1901年）のノーベル生理学・医学賞の最終候補にまで残ったのですが，ベーリングが単独で受賞することとなりました。

現在，日本では破傷風の他に，ジフテリア・ボツリヌス・マムシ・ハブなどに対する血清療法が行われています。そして，その大半はウマに病原体や毒素を投与して得られたウマの血清を用います。よって，**血清療法を何回も繰り返すのは危険を伴う場合がある**んですよ！

ウマの血清だからですか？

その通りです。ウマの血液中に含まれるタンパク質は，我々ヒトにとっては異物だからね。もちろん，なるべく抗体を精製するんだけど…，**ウマの抗体の定常部のアミノ酸配列がヒトのものと異なるので，そもそもウマの抗体が異物**なんですよ。よって，**何回も投与するうちに，ウマの抗体に対する免疫記憶が成立し，投与された抗体に対する強い免疫応答が起きてしまいます**。すると，血清療法の効果が小さくなるし，強い免疫応答の結果として**アナフィラキシー**などが起きる可能性があります。

そこで，現在では動物の血清ではなく，遺伝子組換えにより作出した抗体を投与する方法が開発され，さらに定常部などの多くの領域をヒトの抗体のアミノ酸配列にした「ヒト化抗体」なども作出できるようになっています。

類題にチャレンジ 39

解答 → 別冊 p. 30

1890年，破傷風菌やジフテリア菌の毒素を馬などに接種することで毒素に対する抗体をつくらせ，その抗体を含んだ血清を患者に注射するという血清療法が提案された。さらに，1975年には均質で純度の高い抗体を作製可能なハイブリドーマ法が開発された。しかし，この手法では抗原をマウスなどヒト以外の動物に接種して抗体を作製するために，ヒトにおいて抗体自体が異物として認識され免疫応答を引き起こすことから，期待されたようには実用化されなかった。現在ではこの問題を克服することが可能となり，抗体はがんや関節リウマチなどに対する抗体医薬として利用されている。

問１　ヒト以外の動物を用いて作製された抗体が，ヒトにおいて異物として認識される理由を30字程度で説明せよ。

問２　問１の問題を克服する適切な方法として，どのようなことが考えられるかについて30字程度で説明せよ。

（和歌山県医大）

質問 41　①身近な疑問　生物基礎・生物

mRNA ワクチンは，どういうしくみで病気を防ぐんですか？

A 回答　新型コロナウイルスに対する**ワクチン**として，一気に知られるようになったmRNA ワクチンですね。イメージは非常に簡単です。

一般的なワクチンは，**弱毒化した病原体(生ワクチン)，不活性化した病原体やその断片(不活化ワクチン)を作り，それを接種することで免疫記憶を形成**しますね。しかし，生ワクチンも不活化ワクチンも作るのが結構大変だし，対象となるウイルスに突然変異が起きた場合に，新たに作る手間もかかります。

そこで，**ウイルスのタンパク質の遺伝情報をもつ mRNA を細胞に入れて，ウイルスタンパク質を体内でつくらせようというものがmRNAワクチンです。**つくられるタンパク質はもちろんウイルスがもつものと同一で，このタンパク質に対して免疫記憶を形成させよう，ということです。

外から抗原タンパク質を入れるか，
自分でつくらせるかの差ですね。

ワクチンに限らず，mRNA を医薬品として使おうという発想は以前からあり，日本でも研究されていました。しかし，当初は中々ハードルが高かったんです。というのも，**通常，mRNA は細胞外(体液中)には存在しない**ですよね。ですから**mRNA をそのまま注射すると，細胞外(体液中)で免疫系が mRNA を異物と認識し，強い自然免疫が起きます**。また，**mRNA は単独では細胞膜を通れないため，mRNA をそのまま注射しても細胞内に運び込めない**んです。

そこで，mRNA を細胞内に安全に確実に運ぶ方法(DDS：drug delivery system)が研究されていました。そして，特殊な脂質で mRNA をコーティングすることで，自然免疫を回避するとともに，mRNA を細胞内に運び込むことが可能となりました。また，この脂質も安全に分解されるように工夫されています。さらに，mRNA の 5′ 末端への**キャップ構造**の付加，3′ 末端への**ポリA尾部**の付加などによる**翻訳**効率の向上なども行い，実用化されることになったんです。

もともと，新型コロナウイルスの大流行以前からインフルエンザウイルス，HIV，狂犬病ウイルスなどに対する mRNA ワクチンが研究されていたことに加え，桁外れの予算を投入したことで，新型コロナウイルスのワクチンが短期間で開発できたんですね。

作用のしくみを，もうちょっと具体的にイメージしたいです。

下図のように，脂質に包まれたmRNAが細胞に到着すると，mRNAが細胞内に入り，**リボソーム**で翻訳されますね。**通常，細胞内に存在するタンパク質は，自己抗原としてMHCクラスⅠ分子に乗せて細胞外に提示される**ので，mRNAワクチンからつくられたタンパク質も細胞外に提示されます。このタンパク質は自己物質ではないので，これに対して結合する**TCR**をもち強く反応する**キラーT細胞**に出会うと，**細胞性免疫**が活性化されます。

また，つくられたタンパク質は細胞外に放出され，樹状細胞などの抗原提示細胞の**エンドサイトーシス**により取り込まれると，この断片が**MHCクラスⅡ分子**に乗せられて抗原提示されます。これを**ヘルパーT細胞**がTCRで受容すると活性化し，**B細胞**による**抗体**の産生も促進することができます。

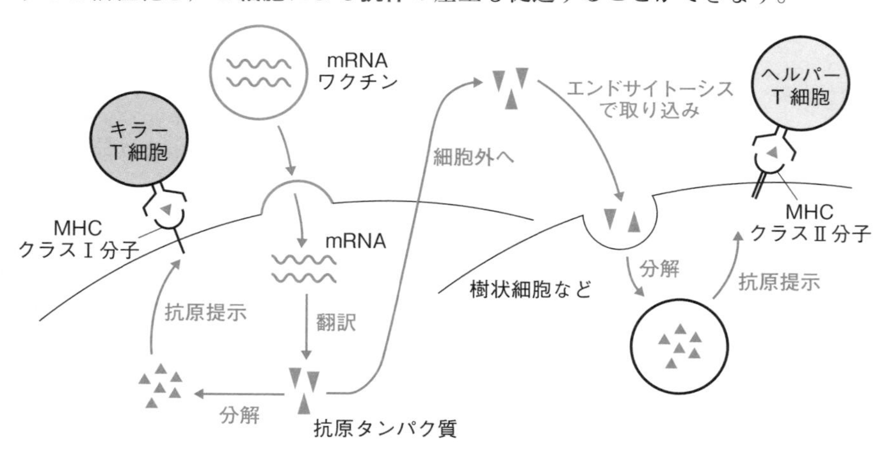

このように，体液性免疫と細胞性免疫の両方を活性化できる点も注目すべき点なんですね。新しいタイプのワクチンということで不安をもっているヒトもいることは事実ですが，効果，安全性，スピードなどについて，ものすごい最先端技術を集約したワクチンであることがわかると思います。

免疫のしくみを，一気に復習できました！

質問 42　①身近な疑問◆ノーベル賞◆　生物基礎・生物

本庶佑先生の功績について教えてください！

A 回答　**本庶佑**先生は，2018年のノーベル生理学・医学賞を受賞された研究者ですね。**「免疫チェックポイント分子の阻害によるがん治療法の発見」**が評価され，アメリカのアリソンと共同受賞しました。

「免疫チェックポイント分子」って何ですか？

簡潔に説明するならば，**免疫応答を抑制する物質**です。異物を排除した後にいつまでも免疫応答が継続して**炎症**が起きていては困るので，「もうやめよう」というしくみが必要ですよね。また，自己物質に対して免疫応答をするリンパ球の反応を抑制して**自己免疫病を防ぐ**必要もあります。このように，我々の免疫システムには，**好ましくない免疫応答を抑制するしくみ**があるんです。

「免疫応答が起きるしくみ」ばかり学んでいて気づかなかったですが，言われてみれば抑制するしくみも必要ですね！

1987年，**キラーT細胞**の表面にある新しいタンパク質が発見されたのですが，詳しいはたらきがわからなかったためCTLA-4と名づけられました。「**C**ytotoxic **T**-**l**ymphocyte-associated **a**ntigen **4**」の頭文字をとっていて，直訳すると「キラーT細胞に関連する抗原-4」であり，かなり機械的に付けられた名前だとわかります。そして，結果的に，このCTLA-4が最初に発見された免疫チェックポイント分子だったんです！

その後，CTLA-4をつくれないマウスが作出されたんですが，このマウスにはどんな特徴があると思いますか？

免疫応答が過剰になって困るんでしょうか？

困る…。まぁ，おおむね正解です。このマウスは，生まれて1ヶ月も経たないうちに自己免疫病が起こって死んでしまったんです。この結果を受けて，CTLA-4に興味をもった学者がアリソンです。アリソンは「CTLA-4は免疫応答を抑制する」という仮説を立てて研究を進めました。そして，**「CTLA-4**

のはたらきを抑制すればキラーT細胞のはたらきを強められ，がん細胞の排除を促進できるかもしれない」と考えたんですよ。

アリソンの予想は的中しました。CTLA-4に結合する抗体を作って，がん細胞を移植されたマウスに投与したところ，腫瘍が縮小したり消えたりしました。この論文が発表されたのが1995年のことです。

あの…。本庶先生は出てこないんですか？

お待たせしました，ここから本庶先生の登場です！　今回のノーベル賞につながる本庶先生の最初の大きな功績は，1992年の*PD-1*遺伝子の発見です。当時，本庶先生は**アポトーシス**を起こす遺伝子を探す研究をしていたので，この遺伝子の名前も「Programmed cell death 1」の頭文字をとっています。

免疫チェックポイント分子ではないんですか？

結果的に，PD-1はキラーT細胞の細胞膜にある免疫チェックポイント分子なのですが，この時点では，本庶先生はアポトーシスを起こすタンパク質だと思っていたんですね。そこで，本庶先生は*PD-1*遺伝子を壊したマウスを作出して観察したんですが，このマウスはふつうに生活していたんです。もし，アポトーシスが起こらなくなっているならば，様々な異常が生じるはずなのに…。

それでも注意深く，我慢強く，諦めずに観察を続けた結果，自己免疫病とみられる症状が出ていることがわかりました。そこで，「PD-1って免疫に関わるんじゃない？」，さらに，**「PD-1がはたらけない場合に自己免疫病になるということは，PD-1は免疫応答を抑制するんじゃない？」**と進んでいったんです。

アポトーシスの研究で発見されたPD-1が，
実は免疫に関わるタンパク質だったなんて面白いですね。

話を聞く分には面白いけれど，当事者にとっては「紆余曲折の末の大発見」という感じだったと思いますよ。

その後，PD-1と結合するPD-L1というタンパク質も発見されました。そこで，PD-L1を発現するようにしたがん細胞をマウスに移植してみたところ，ものすごいスピードでがん細胞が増殖して，短期間に全個体が死んでしまったんです。

免疫応答が抑制されてしまったからですか？

その通り！　**がん細胞のもつ PD–L1 とキラー T 細胞のもつ PD–1 が結合すると，キラー T 細胞のはたらきが抑制されることが原因**です。しかも，このがん細胞を移植されたマウスに PD–L1 と結合する抗体を投与すると，がん細胞の増殖を抑制できたんですよ！

そして，実際のがん細胞の中に，PD–L1 を発現する厄介なものがあることもわかり，本庶先生は**「PD–1 と PD–L1 の相互作用を阻害することでがん治療ができる」**という内容の論文を発表し，特許申請しました。

そして，PD–1 や PD–L1 に結合する抗体を医薬品として開発しました。PD–1 と結合する抗体（抗 PD–1 抗体）の医薬品名が「オプジーボ」です。有名な薬だから，聞いたことがありますよね。

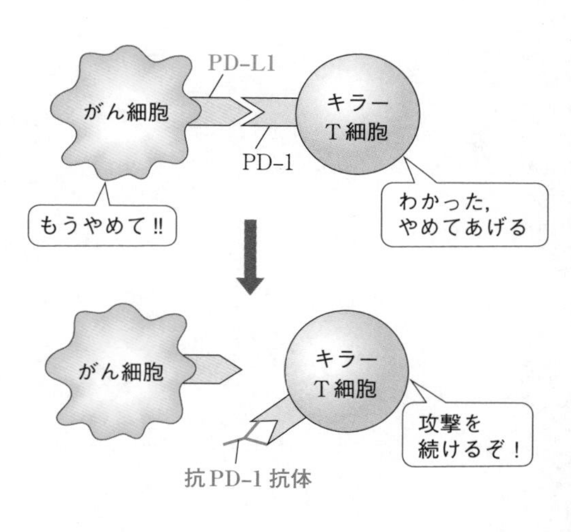

オプジーボは治験の段階で，末期の皮膚がん患者に対して劇的な効果を発揮し，2014年にアメリカで承認され，その後，肺がんなど様々ながんに対して承認されました。オプジーボによりキラー T 細胞が強い攻撃を続けるようすを示したのが右図です。

本庶先生とアリソンは，免疫チェックポイント分子のはたらきを阻害することによってがんを治療するという，新しいがん治療を開発した研究者なんです。海外のホームページでは下のように表現されていました。がん治療の世界に与えたインパクトが非常に大きかったことがわかりますね。

> Checkpoint therapy has now revolutionized cancer treatment and has fundamentally changed the way we view how cancer can be managed.

類題にチャレンジ 40

解答 → 別冊 p. 31

キラーT細胞の表面には，PD-1と呼ばれる分子が発現し，一部のがん細胞表面にはPD-L1分子が高発現している。このPD-1とPD-L1が相互作用すると，キラーT細胞にブレーキがかかり，キラーT細胞による攻撃が抑制されることがわかった。この機構を利用してがん治療薬の開発が行われ，現在PD-1とPD-L1の相互作用を阻害する抗PD-1抗体が，一部のがん疾患に対する治療薬として用いられている。

PD-1やPD-L1は正常な細胞にも発現している。正常な細胞におけるこれらのタンパク質のはたらきを推測し，簡潔に説明せよ。

（同志社大・筑波大）

質問 43

③問題を解くための疑問　生物

伝導速度を求めるとき，「神経の異なる２ヶ所を刺激する」のはなぜですか？

A 回答　骨格筋と運動神経が接続した状態で取り出したものを**神経筋標本**といいます。この神経の一部に対して十分な強度の刺激を与えると，筋収縮が起きます。次のカエルの腓腹筋の神経筋標本を用いた実験を考えましょう！

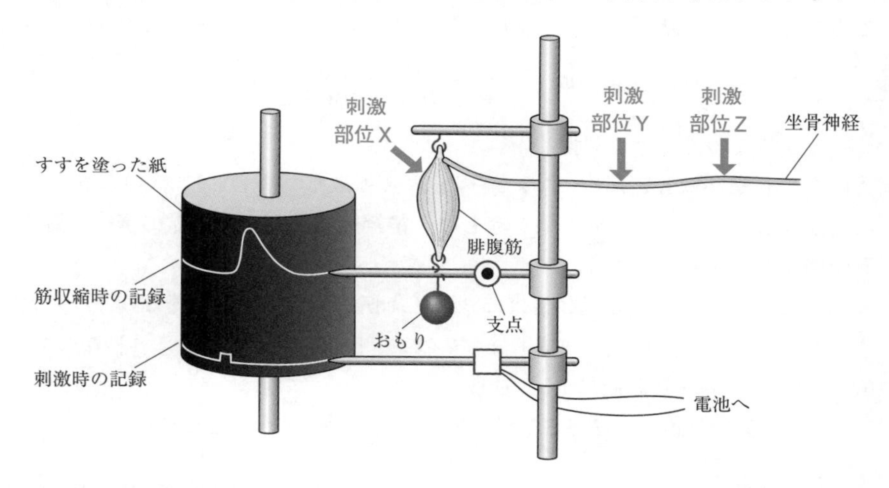

刺激部位Ｚは神経筋接合部から5cm 離れており，ここを刺激すると５ミリ秒後に**単収縮**が観察されました。また，神経筋接合部から3cm 離れた刺激部位Ｙを刺激すると４ミリ秒後に単収縮が観察されました。伝導速度は？

5cm を５ミリ秒で割って…，
1cm/ミリ秒ではダメなんですか？

神経に興奮が発生してから筋収縮が起きるまでの時間は，

「神経を興奮が伝導する時間」
「神経筋接合部での伝達に要する時間」
「筋肉における収縮までの反応に要する時間」

という**３つの時間の和**なんです。

ですから，刺激部位Ｚを刺激した実験での５ミリ秒という時間は，5cm の伝導に要する時間ではないんです！

そこで，この２つの実験の差に着目しましょう。刺激部位ＺとＹをそれぞれ刺激した場合の筋収縮までの時間の差は，5－4＝１ミリ秒ですね。この１ミリ秒の時間差って何の時間でしょうか？

ＺからＹまで興奮が伝導するのにかかる時間です！

その通り！　ＺからＹまでの2cm の伝導にかかる時間が１ミリ秒ということなので，伝導速度は2cm/ミリ秒です。単位を変えると，20m/秒です。ここまでの考え方を踏まえると，次の計算公式が納得できると思います。

$$\text{伝導速度} = \frac{\text{刺激をした２点間の距離}}{\text{筋収縮までの時間差}}$$

せっかくなので，もう一押し！

図中の刺激部位Ｘは筋肉です。筋肉を直接刺激した場合に1.5ミリ秒後に単収縮が起こりました。この情報をもとに，**神経筋接合部での興奮の伝達に要する時間**を求めてみましょう。

刺激部位Ｚを刺激した実験結果について，伝達に要する時間をx(ミリ秒)とすると次のような関係式が成立します。なお，伝導速度が2cm/ミリ秒なので，5cm の伝導に要する時間は2.5ミリ秒ですね。

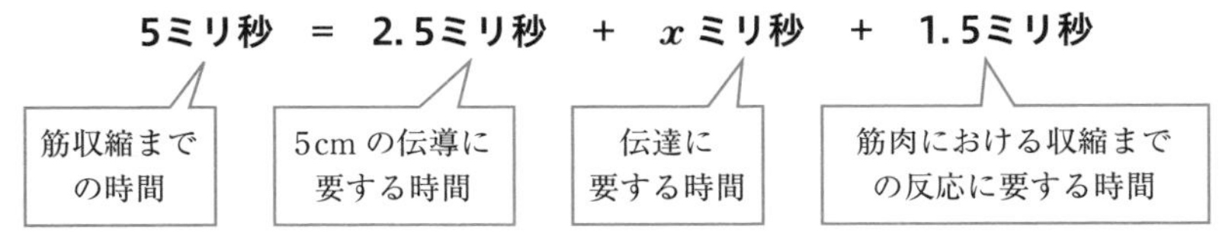

おぉ！　伝達に要する時間が１ミリ秒と求まりました！

その通りです。では，最後にここで用いた関係式をまとめておきましょう。

神経の刺激から筋収縮までの時間 ＝ 興奮の伝導に要する時間 ＋ 興奮の伝達に要する時間 ＋ 筋肉内での反応に要する時間

それでは，次ページの「類題にチャレンジ」を解いてみてくださいね。

類題にチャレンジ 41

解答 → 別冊 p. 31

ある哺乳類の脊髄から出る有髄の運動神経とそれに連結する骨格筋を取り出し，神経筋標本を作製した。次に標本の神経の各部を刺激したときに起きる筋収縮をミオグラフで測定する実験を行った。神経筋接合部からそれぞれ10cm，4cm 離れた部位で神経を刺激すると，各々，10ミリ秒後，7ミリ秒後に筋収縮が開始された。さらに筋肉を直接電気刺激したところ2ミリ秒後に収縮が観察された。

問1　この神経の興奮の伝導速度として最も近いものを，次から1つ選べ。

① 75cm/秒　② 2m/秒　③ 5m/秒　④ 20m/秒
⑤ 50m/秒　⑥ 100m/秒　⑦ 200m/秒　⑧ 500m/秒

問2　神経筋接合部での伝達時間(ミリ秒)として最も近いものを，次から1つ選べ。

① 1.0　② 2.0　③ 2.5　④ 3.0　⑤ 5.0
⑥ 8.0　⑦ 12.0　⑧ 13.0

(早稲田大)

質問 44　②教科書についての疑問　生物

教科書に載っている遠近調節の図で，気になることがあるんです。

A 回答　おっ！　またしても「鋭い気づき」をしたのかな？

水晶体の前面のカーブが大きく変わっているのに，後面のカーブがほとんど変化していないんです！

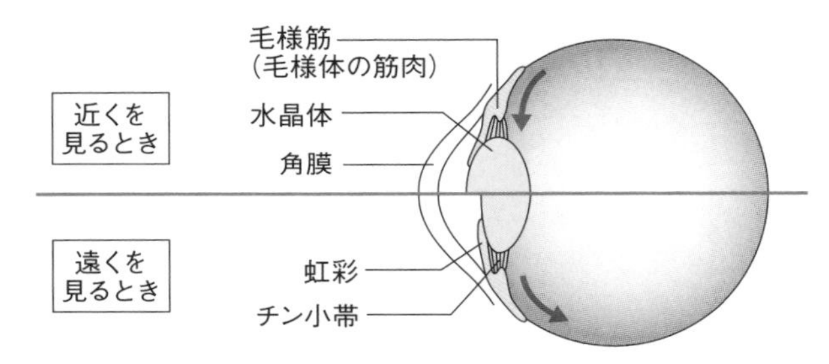

図をよく見ていて偉いね！　その通りなんです。ところで，遠近調節の基本的なしくみは理解できているのかな。近くを見るとき，**毛様体**の筋肉である**毛様筋**は…

毛様筋が収縮し，チン小帯が緩んで，水晶体が厚くなります！

OK です。その結果として，**水晶体での光の屈折率が大きくなり，近くのものが網膜上に結像するようになる**（＝近くのものにピントが合う）んですね。このとき，水晶体の前面のカーブは大きく変化しますが，後面のカーブはほとんど変化しません。図 1 は，この事実を示す重要な図です。

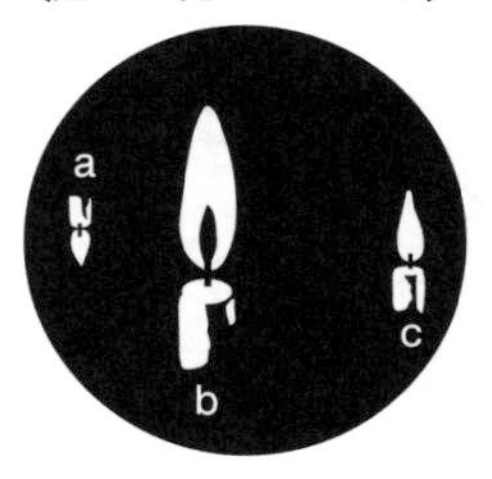

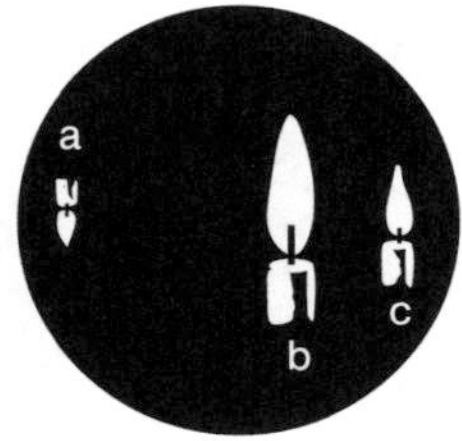

図 1

ロウソクがいっぱいありますね！

これはプルキンエ－サンソン像と呼ばれるものです。

被験者の斜め前にロウソクを１本置いて，被験者の瞳孔を適切な方向から観察すると，反射像が３つ観察されるんです。図２のように，**角膜で反射する正立像（Ⅰ），水晶体の前面で反射する正立像（Ⅱ），水晶体の後面で反射する倒立像（Ⅲ）**です。

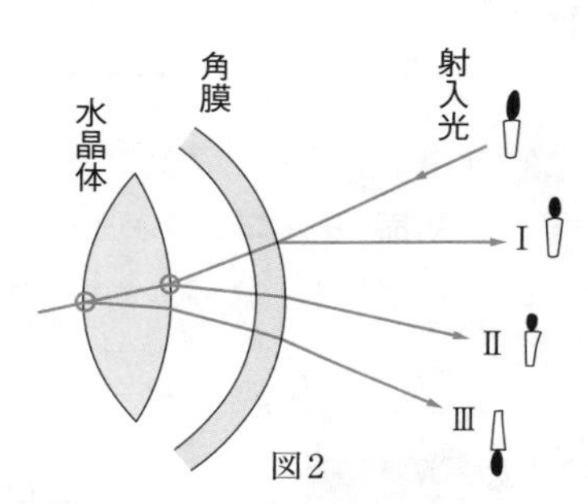

図２

図１のaが倒立像だから，図２のⅢにあたりますね。

その通りです。図１のｂとｃは，図２のⅠとⅡのどちらだと思いますか？**遠近調節の際に角膜は動きませんから，角膜で反射しているⅠの像は動きません**よね。よって，位置が変化しない正立像であるｃがⅠです。そして，位置が大きく変化した正立像であるｂがⅡです。

Ⅱの像（ｂ）は動き，Ⅲの像（ａ）は動かないので，水晶体の前面のカーブは大きく変化し，後面のカーブは変化しないということですね。

遠近調節は水晶体の前面のカーブのみが変化することによって行われているという事実があるので，教科書もそのような図になっているんですね。

類題にチャレンジ 42

解答 → 別冊 p. 31

ヒトが遠くのものを見るときの毛様筋（毛様体），チン小帯，および水晶体の変化について述べた次の文の【　　】の中から適当な語句を，それぞれ１つずつ選べ。

遠くのものを見るとき，毛様筋（毛様体）は【① 収縮し・弛緩し】，チン小帯が【② 緊張する・緩む】ことで，水晶体が【③ 厚く・薄く】なる。このとき水晶体の【④ 前面・後面】の曲率が大きく変化する。

（センター試験・改）

質問 45 ③問題を解くための疑問 生物

筋節の長さと張力との関係のグラフを見ても，筋節の状態をイメージできないです！

A 回答 重要なグラフですね！ 順を追ってコツコツと攻めましょう。まずは，**筋節**（**サルコメア**）の基本構造（図１）は覚えていますか？ **暗帯**と**明帯**は，それぞれ①〜⑦のうちのどれかな？

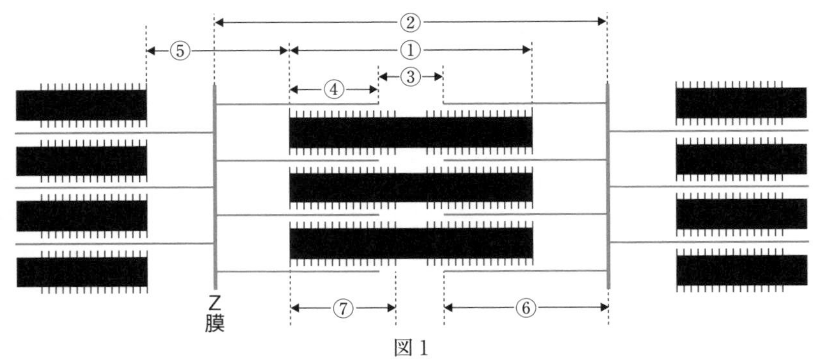

図１

暗帯はミオシンフィラメントのある部分なので①，
明帯はミオシンフィラメントのない部分なので⑤です！

そうだね！ **Z膜に固定されている細いフィラメントがアクチンフィラメント，その間にある太いフィラメントがミオシンフィラメント**だね。

実際のミオシンフィラメントは，図２のように多くの**ミオシン**が束ねられた構造をしていて，**ミオシンフィラメントの中央にはミオシン頭部が存在しない領域がある**んだよ。

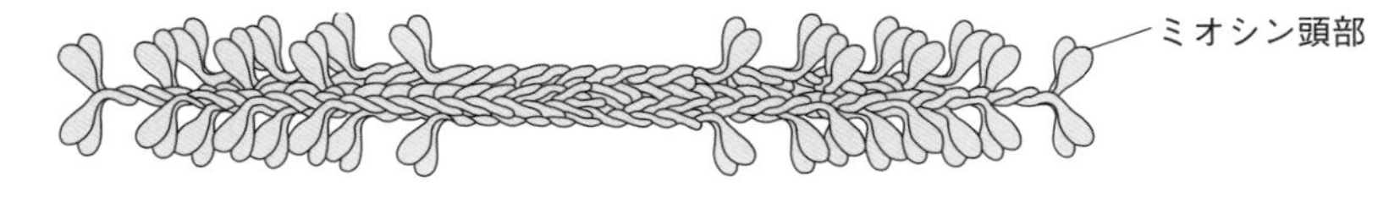

図２ ミオシンフィラメント

筋収縮は，**ミオシン頭部がATPアーゼとしてはたらいてATPを加水分解することで得られたエネルギーによって，アクチンフィラメントをたぐり寄せる**ことによって起こります。筋収縮はアクチンフィラメントとミオシンフィラメントの**位置関係が変化する**ことによって起こるので，**フィラメントの長さそ**

のものは変化しません。

ということは，
暗帯の長さは変わらないということですね。

その通り！　ミオシンフィラメントの長さは変わらないからね。**筋収縮の際は，暗帯の長さは変わらず，明帯の長さが短くなる**ということです。

さて，アクチンフィラメントをたぐり寄せるのがミオシン頭部ということを踏まえると，**アクチンフィラメントに結合して作用できるミオシン頭部が多くなるほど張力(筋肉が出せるパワーのこと)が大きくなる**ことがわかります。

図３左が通常の状態，図３右が人為的に筋節を引き延ばした状態の模式図です。

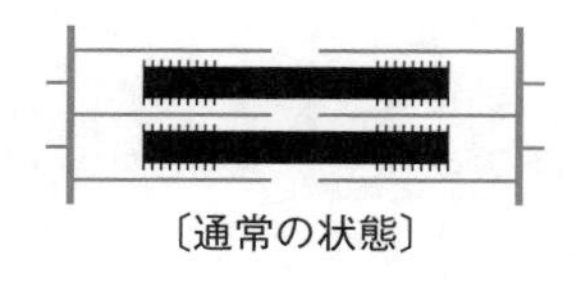
〔通常の状態〕

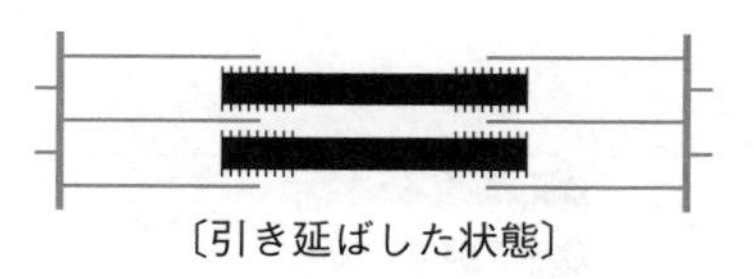
〔引き延ばした状態〕

図３

引き延ばした状態では，アクチンフィラメントに
結合できないミオシン頭部がありますね。

そうですね。よって，図３の２つの図について，引き延ばした状態の張力の方が小さくなることがわかります。それでは，もっと引き延ばしてみましょう(図４)！

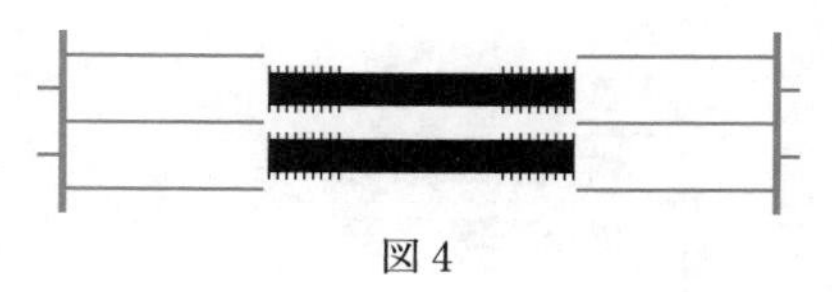
図４

これでは収縮できないですね！

筋節をさらに引き延ばして，**アクチンフィラメントに結合できるミオシン頭部がなくなると，張力が０**になってしまいますね。

次はちょっと発展なのですが，逆に筋節を縮めていくとアクチンフィラメントどうしが重なってしまいます。**アクチンフィラメントどうしが重なるほど，張力が低下していく**ことが知られています。図５は，ちょうどアクチンフィラメントの先端どうしがぶつかった状態の模式図です。

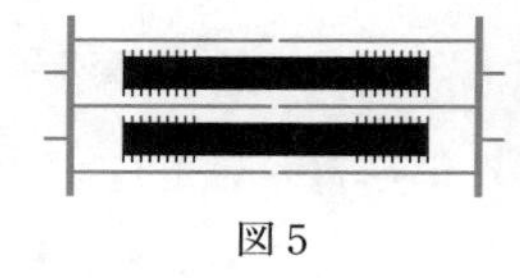
図５

図3〜図5の状況をしっかりとイメージできるようになっていれば，グラフを理解することができるはずです。それでは，次の図6のグラフを一緒に考えてみましょう。

100
張力(%)
50
0
1.5　2.0　2.2　2.5　3.0　3.5
筋節の長さ(μm)

図6

筋節の長さが3.5μm以上になると，張力が0だよね。

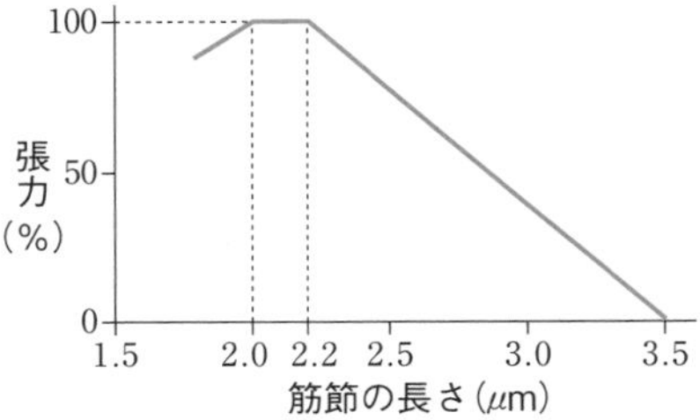

図4のイメージですね。

その通りです。ミオシンフィラメントの長さをX(μm)，アクチンフィラメントの長さをY(μm)として方程式を作ってみましょう！

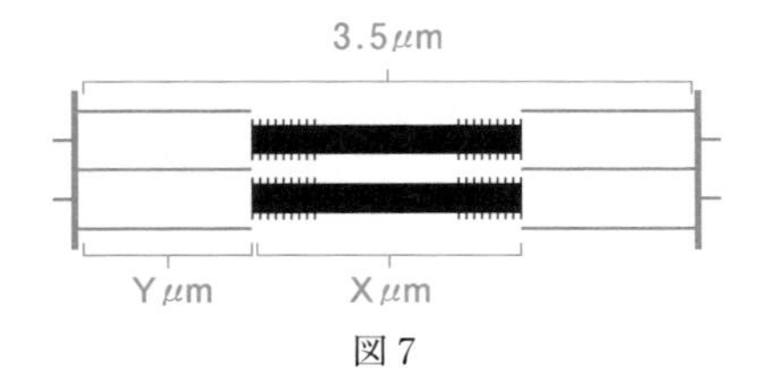

図7

左の図7より，
X＋2Y＝3.5ですね！
イメージできてきました！

いいね！　次は筋節の長さが2.0μmのときに注目してみよう！

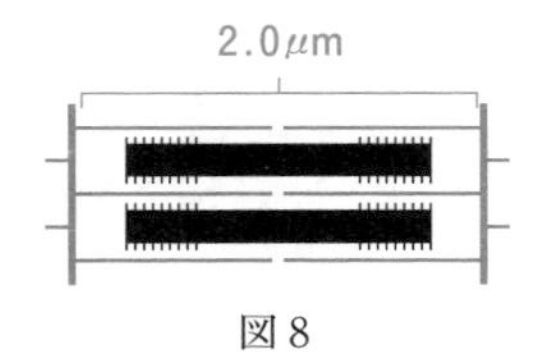

図8

2.0μmより縮めると，アクチンフィラメントどうしが重なっちゃうんですね。よって，左の図8より，2Y＝2.0です！　あっ，求まった！

気づいたようですね。Y＝1.0なのでアクチンフィラメントの長さは1.0μmです。これを図7の式に代入するとX＝1.5となり，ミオシンフィラメントの長さは1.5μmとなりました。できましたね！

筋節の長さが2.0〜2.2μmの間は，ずっと張力が100で最大値なんですね…。どういうことだろう…。

いい質問ですね！　筋節の長さが2.0μm以上の範囲では，**張力の大きさはアクチンフィラメントと結合できるミオシン頭部の数によって決まります。ミオシンフィラメントの中央にミオシン頭部がない**ことがここで重要になるんですよ！

どういうことですか？　ちょっと図を描いて考えてみます。

素晴らしい！　筋節の長さが2.2μmの状態を描いてみよう！

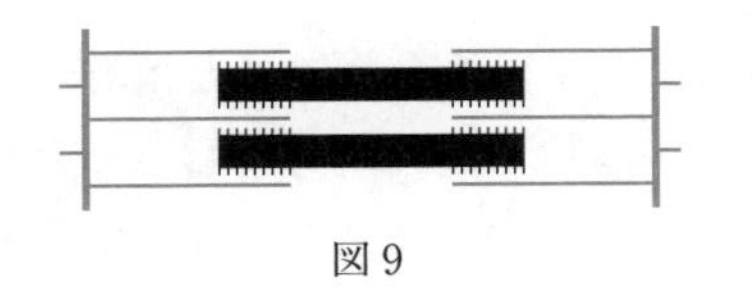

図９

ミオシン頭部の数が…，
わかった，こんな感じ
（図９）です！

おお，すごい！　**ちょうどすべてのミオシン頭部がアクチンフィラメントと結合できるようになった状態**です。言い換えると，アクチンフィラメントが一番内側のミオシン頭部と結合できるようになった状態です。

図８と図９を比べてみましょう。すると，図９における筋節の長さが2.2μmということから，**ミオシンフィラメントの中央のミオシン頭部が存在しない領域の長さが0.2μm**ということがわかります！

では，最後に確認クイズ！　張力が50％になるときの筋節の長さは？

2.2μmと3.5μmの中間なので，2.85μmです！

OK！　これで張力のグラフはクリアだね！

類題にチャレンジ 43

解答 → 別冊 p.32

筋肉が収縮する際の，サルコメアの長さと張力の関係を計測する実験を行った結果が右のグラフである。なお，アクチンフィラメントどうしが重なると，張力が減少することが知られている。

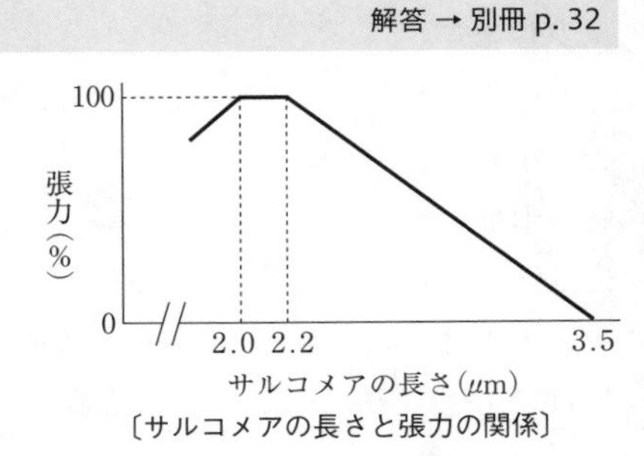

〔サルコメアの長さと張力の関係〕

問１　ミオシンフィラメントの長さ（μm）を求めよ。

問２　アクチンフィラメントの長さ（μm）を求めよ。

問３　サルコメアの長さが2.6μmのとき，サルコメアの中でアクチンフィラメントの存在しない領域の長さ（μm）を求めよ。

問４　サルコメアの長さが3.0μmのときの明帯の長さ（μm）を求めよ。　（神奈川工大）

質問 46 ①身近な疑問 生物

東京と鹿児島では，東京の方がサクラの開花が早いのはなぜですか？　鹿児島の方が暖かいのに・・・。

A 回答 サクラの開花が春の暖かさによって促進されることは有名ですね。だったら暖かい鹿児島の方が早く開花するのでは，というのはもっともな疑問です。早速ですが，サクラの花芽はいつ頃形成されると思いますか？

春ではないんですか？

残念！　開花する前の年の7月上旬には花芽が形成されているんです！　この花芽が秋になると越冬芽と呼ばれる状態になり，冬を耐えて，春を待ちます。

越冬芽はどうやってつくられるのですか？

光周性によってです！　秋になって**暗期の長さが長くなったことを葉が感知すると，葉がアブシシン酸を合成してこれを芽に送ります。すると，芽は休眠状態となり越冬芽ができあがります。**

サクラの越冬芽が開花するには，暖かさを感知することで合成される**ジベレリン**が必要なのですが，芽に含まれる**アブシシン酸**が減少することも重要となります。**越冬芽に含まれるアブシシン酸は低温条件になると安定性が低下し，減少します。**

では，東京・鹿児島・山形の2020年の実際の気温データを見てみましょう。

2020年の東京・鹿児島・山形のサクラの開花日は，それぞれ3月14日・4月1日・4月3日でした。確かに，東京が一番早いですね。右表は東京，鹿児島，山形の2020年の1～3月の気温のデータです。

		1月	2月	3月
東　京	日平均気温	7.1℃	8.3℃	10.7℃
	最低気温の平均	3.7℃	4.0℃	6.2℃
鹿児島	日平均気温	11.1℃	11.4℃	14.0℃
	最低気温の平均	7.5℃	7.0℃	10.1℃
山　形	日平均気温	2.3℃	2.5℃	6.1℃
	最低気温の平均	−0.6℃	−1.3℃	1.2℃

鹿児島は冬の気温が下がらないので，越冬芽に多くのアブシシン酸が残ったままとなり，気温が上昇しても開花を促進するのが困難なんです。一方，山形ではアブシシン酸が減少しているものの，4月上旬頃まで気温が低いままなので，開花しにくいんですよ！

以上より，**低温によってアブシシン酸が減少することと，その後の気温の上昇による開花促進効果の兼ね合いによって開花のタイミングが決定する**ことがわかりましたね。そして，そのバランスで最も開花時期が早くなるのが，3つの都市の中では東京になるんです。

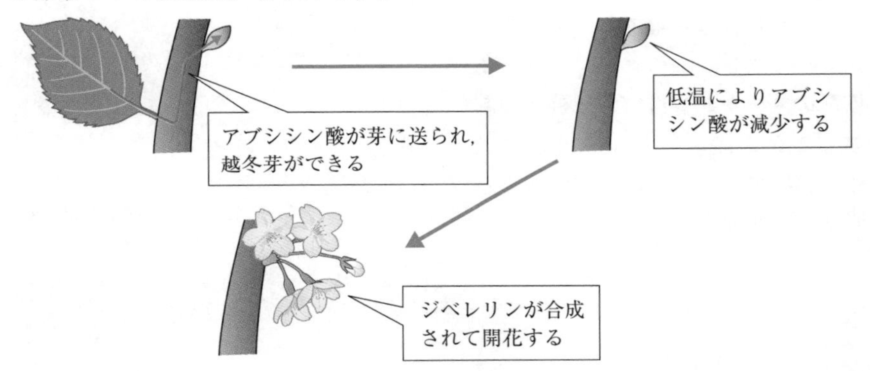

低温によって開花が促進されているので，これは「春化」ですね！

その通りです！　**春化**とはどういう現象だったか覚えていますか？

花芽形成などが，一定の低温状態を経験することで促進される現象です。

完璧です。**秋まきコムギ**などの花芽形成に，長日条件の他に低温の経験が必要なことが有名ですね。

類題にチャレンジ 44

解答 → 別冊 p. 32

サクラの花が秋に咲くことがあり，一般にこの現象は「狂い咲き」と呼ばれている。「狂い咲き」が起こる原因として，夏季に昆虫の幼虫による大規模な食害が起こることが原因となる場合がある。大規模な食害によって「狂い咲き」が起こる理由はどのように考えられるか。50字程度で説明せよ。

質問 47

②教科書についての疑問

生物

植物をゴロっと倒したとき，根が重力方向に曲がるのはどうしてですか？

A 回答 OK！　植物の**重力屈性**についての質問だね。まず，下のグラフを押さえておく必要があります。

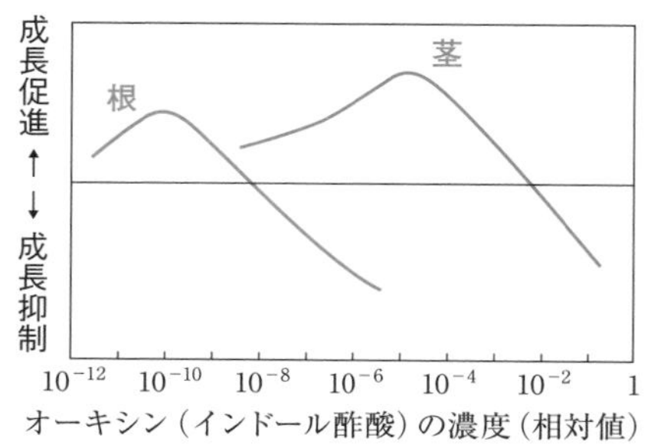

オーキシンの最適濃度について，茎の方が根よりもはるかに高いことがわかります。このグラフより，**高濃度のオーキシンは根の成長を抑制する**ことが読み取れます。ところで，植物の茎の断面図ってちゃんと覚えていますか？

昔（＝中学生のころ），習ったような…。

右図（一般的な被子植物の茎の断面図）を確認しておきましょう。重力屈性で重要な役割を担う**内皮**は見つかりましたか？　内皮の外側が**皮層**，内皮の内側が**中心柱**です。中心柱には**維管束**などがありますね。**茎では，木部は師部よりも内側にあります。**

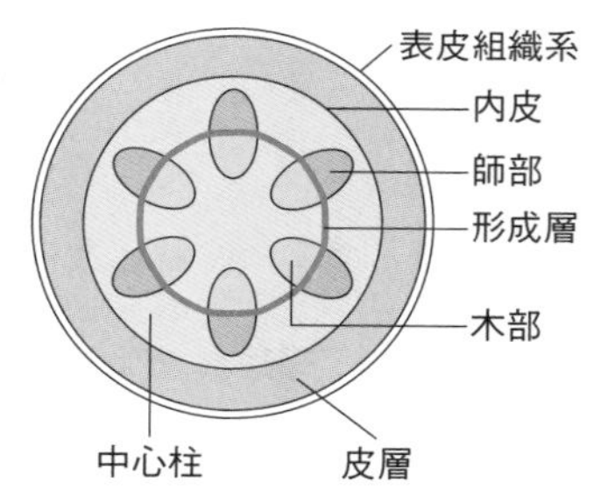

茎の内皮細胞には，**アミロプラスト**という細胞小器官があります。**アミロプラストは，葉緑体などとともに色素体と総称され，多くのデンプンを貯蔵している細胞小器官**でしたね。突然ですが，アミロプラストって軽いと思いますか，それとも重いと思いますか？

デンプンが貯蔵されているんだから，重い…？

その通りです。だから，**植物をゴロっと倒すと，内皮細胞内のアミロプラストは重力方向に沈降します**。細胞はアミロプラストが沈降する方向によって重力方向を感知していることがわかっています。このように重力方向を感知する

細胞は**平衡細胞**と総称されます。

通常，茎の内皮細胞は，中心柱を下降するオーキシンが内皮の外側に漏れ出すのを防ぐように作用しています。つまり，中心柱に向かってオーキシンを排出しているんです。しかし，植物が水平に置かれ，重力方向の変化を感知するとオーキシンを重力側の皮層に向かって移動させるようになります(下図)。その結果，重力側の成長が促進され，茎は重力と反対方向に屈曲します。

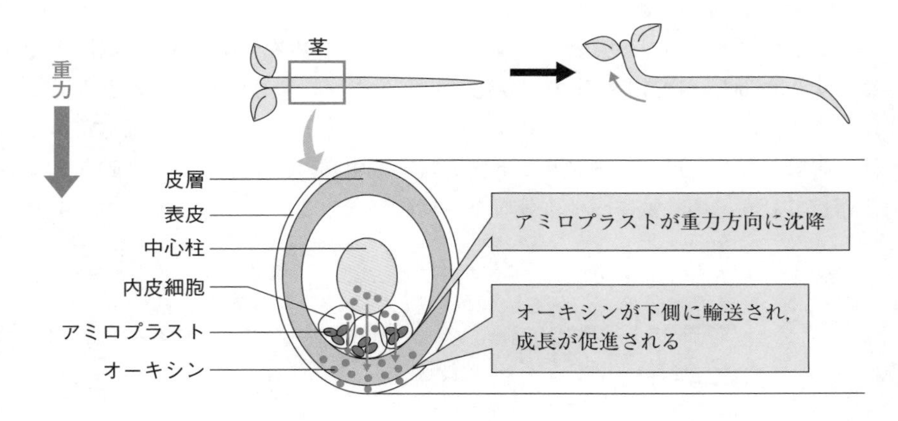

続いて，本題の根の重力屈性です！　根の先端には**根冠**がありますね。根冠のはたらきは知っていますか？

「根端分裂組織を保護する」と習った記憶があります。

それも重要なはたらきですが，もう一つ重要なはたらきがあります。それが重力の感知なんです。**根冠にはコルメラ細胞という細胞があり，これが平衡細胞なんです。**植物体内におけるオーキシンの移動には，**PIN というオーキシンを排出する膜タンパク質**がはたらいています。実際には何種類もの PIN があって，通常の場合，根の中心柱には PIN1，根の皮層には PIN2，コルメラ細胞には PIN3 があります。

PIN1 は中心柱細胞の根の先端側の細胞膜に局在し，PIN2 は皮層細胞の根の基部側に多く存在します。一方，PIN3 はコルメラ細胞の細胞膜に均一に分布しています。よって，根におけるオーキシンの移動は，

中心柱を下降する→根冠でUターンする→皮層を基部側に向かって上昇する

という流れになります(次ページの図参照)。

第4章 生物の環境応答と調節

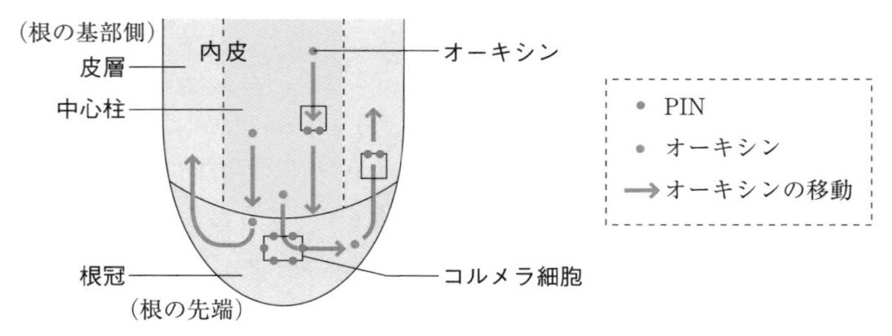

植物をゴロっと横たえると，コルメラ細胞のアミロプラストが重力側に沈降します。すると，PIN3の分布が変化し，オーキシンの移動が下図のように変化します。PIN3は他のPINと異なり，エンドサイトーシスにより細胞膜から細胞内に移行し，再びエキソサイトーシスで細胞膜に出現するという動きを繰り返しており，細胞膜における分布を容易に変えることができるんです。

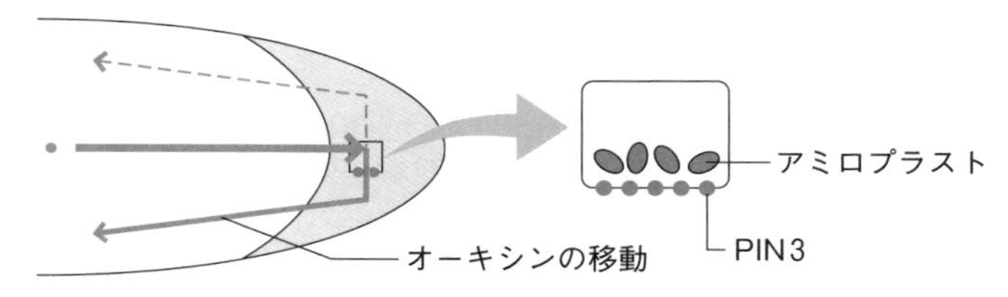

高濃度のオーキシンは根の成長に対して抑制的に作用するので，**高濃度のオーキシンによって重力側の成長が抑制され，根は重力方向に屈曲する**ことになります。

「PINが細胞膜のどこにあるか」がポイントなんですね。

大まかなストーリーとしては，ここまでの説明の通りなんですが，実は，アミロプラストが沈降することでPIN3の配置が変化する具体的なしくみはまだ解明されていません。しかし，どうやら細胞内のpHの変化やCa^{2+}濃度の変化が関わっているらしいという証拠が示されています。

また，実際にオーキシンの輸送に関わるタンパク質はPIN以外にもたくさん発見されていて，オーキシンを取り込むタンパク質であるAUX，オーキシンを排出するタンパク質であるABCBなども知られています。また，オーキシンは通常は陰イオンとして存在していますが，水素イオンと結合した状態になるとリン脂質二重層を通れるようになることも知られています。今後，オーキシンの輸送についてどんどん新しい発見がされていくことでしょうね。

類題にチャレンジ 45

解答 → 別冊 p. 33

植物が重力を感知するうえで，アミロプラストが重要である。図1はシロイヌナズナの茎と根の構造を模式的に示したもので，茎では内皮細胞，根では，重力を感知する根冠のコルメラ細胞でアミロプラストが発達しており，いずれの細胞でも，アミロプラストは細胞の下側（重力側）に沈んでいることがわかっている。

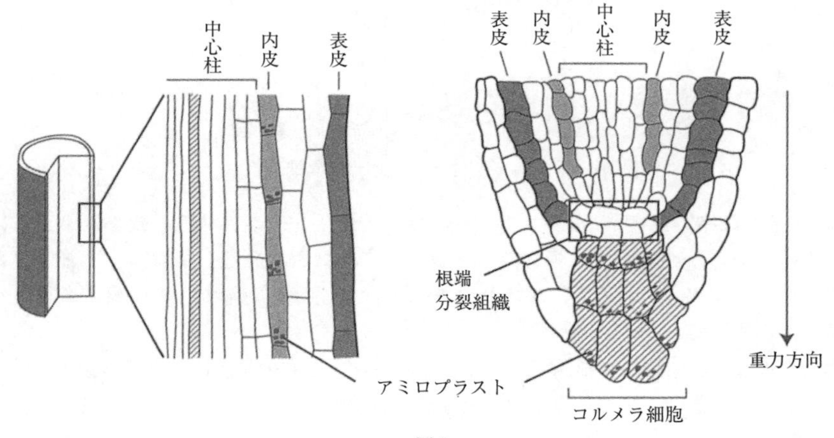

図1

シロイヌナズナには様々な突然変異体があり，それらのうち重力に正しく反応できないものを調べたところ，水平に置くと根は正常に屈曲するが，茎が屈曲しない変異株が2つ（変異株Xと変異株Y）あった。野生株と2つの変異株を用いて実験を行ったところ，次のような実験結果が得られた。

〔内皮細胞の有無〕 野生株と変異株Yには内皮細胞が正常に存在していたが，変異株Xでは，茎にも根にも内皮細胞が見られなかった。

〔茎の内皮細胞の観察〕 野生株と変異株Yの茎の内皮細胞を観察すると，どちらも大きな液胞が細胞の大半を占めていた。野生株では，アミロプラストが細胞の下側に沈んでいたが，変異株Yでは沈んでいないアミロプラストが多かった。詳細に観察すると，液胞中を貫通して細胞質基質が横切る連絡通路としてはたらく細胞質糸という構造が，野生株には存在していたが，変異株Yには存在しなかった（次ページの図2）。生きたままの茎の内皮細胞を顕微鏡で観察しながら，植物の向きを変えると，野生株ではアミロプラストが細胞質糸を通って数分で下側に移動したが，変異株Yではほとんど動かなかった。

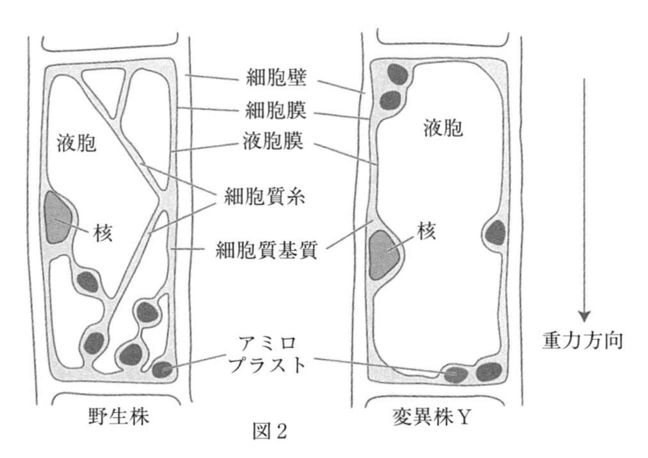

図2

〔コルメラ細胞の観察〕 根のコルメラ細胞は，野生株，変異株X，変異株Yともに正常であった。いずれの細胞でも液胞はあまり大きく発達しておらず，細胞質糸も見られなかった。また，アミロプラストはいずれの細胞でも細胞質基質の中を自由に移動できた。

問 上述の実験結果から推論できることとして適当なものを，次から2つ選べ。

① 内皮細胞は，茎の重力屈性と根の重力屈性の両方において必要である。
② 内皮細胞は，茎の重力屈性と根の重力屈性の両方において不必要である。
③ 内皮細胞は，茎の重力屈性には不必要だが，根の重力屈性には必要である。
④ 内皮細胞は，茎の重力屈性には必要だが，根の重力屈性には不必要である。
⑤ アミロプラストが移動し，移動したアミロプラストの位置を手がかりに重力の方向を感知している可能性が高い。
⑥ 細胞質糸自体が重力を感知する本体であり，アミロプラストは細胞質糸が重力を感知するうえで必要な可能性が高い。
⑦ 細胞質糸の内部に存在するアミロプラストだけが重力を感知しており，アミロプラストの移動は重力の感知とは関係がない可能性が高い。
⑧ すべてのアミロプラストが重力を感知しており，アミロプラストの移動は重力の感知とは関係がない可能性が高い。

（畿央大）

質問 48　①身近な疑問　生物基礎・生物

「マジックテープはオナモミを模して作られた」と聞いたのですが，本当ですか？

A 回答　1940年代，スイス人のメストラルが山道を歩いているときに，植物の果実がいっぱい服にくっついており「なぜだろう？」と顕微鏡で観察したことがきっかけといわれているようです。

オナモミは**短日植物**の代表例として生物の入試問題でもよく登場します。その果実は細かいフック状のトゲがついていて(右図)，「ひっつき虫」なんて呼ばれたりもしますね。メストラルはこのトゲを観察して「この形を模してシートを作れば，貼ったり剥がしたりができるぞ！」と思い付き，当時の最先端素材であるナイロンを使ってマジックテープを完成させました。

このように，生物のスゴイ能力に注目し，それを模して作られたものは多くあります。

面白いですね！　他にも教えてください！

右のハスの写真を見てみましょう。何か気になることはありませんか？

葉の真ん中のところに，水が溜まっています。

そう，それです！　不思議でしょう？　ハスの葉って水を弾くんですよ。この性質は昔からよく知られていて，「蓮(はす)は泥より出でて泥に染まらず」(周りが汚れた環境であっても，それに染まらず清らかさを保っている，という意味)ということわざがあるほどです。ハスのように，清らかにありたいですねぇ…。

先生，これがどのように応用されたのですか？

ハスの葉の表面は水を弾きやすいワックスによって覆われています。さらに，顕微鏡で観察すると，ものすごく細かいデコボコがあることがわかります。その結果，水がベタ～っと広がらず，表面張力によって丸い水滴として葉に乗った状態になります。この葉を傾けると，水滴が周囲の汚れなどをくっつけながら転がり落ちてくれるので，葉が汚れないんです(下図)。

この特徴に眼をつけたのが，ドイツのバルトロットです。バルトロットはこの構造を使った商品をビジネス化すべく，細かいデコボコをコーティングしたスプーンを作り企業にプレゼンをしたんです。

すくったものが，スプーンに，
ベターっとつかないんですね！

そうです。彼は，そのスプーンで蜂蜜をすくって，その蜂蜜がスルスル～っと落ちるところを見せたんです。そこから年月が経ち，1999年に細かいデコボコが作れる塗料を開発して商品化しました。この塗料を壁に塗っておけば汚れがすぐに落ちますよね！　夢は広がりますよね。僕の大好きなマヨネーズの容器の内側を細かいデコボコにすれば，最後までキレイに使い切れると思うんですが，どうでしょう？

このように，生物の構造や機能などの観察や分析をヒントに，新技術を開発することを**バイオミメティクス**(mimetic は「模倣」という意味)といい，注目されている分野の１つです。

類題にチャレンジ 46

解答 → 別冊 p. 33

次の文中の空欄に適語を入れよ。なお，［ア］と［イ］には動物門の名称を入れよ。

ヒトの血液を吸う動物として［ア］動物のヒルや［イ］動物のカなどがある。ヒルは吸血の際にヒルジンという麻酔作用をもつ物質をだ液中に分泌するため，痛みを感じない。カの針は非常に細く，皮膚の痛みに対する受容器である［ウ］に当たりにくいため，痛みを感じない。この性質を参考に，痛みを感じにくい極細の注射針が開発された。

質問49　③問題を解くための疑問　生物

「標識再捕法」で個体数を推定できるのはなぜですか？

A 回答　個体群のサイズ(＝個体数)を調べる場合，全個体を捕獲して数えるのが正確ですが，通常，そんなことは不可能です。よって，手間をかけずに大まかな個体数を推定することが重要で，その代表的な方法が**標識再捕法**です。

計算イメージをつかむために，ちょっと例を示しますね。箱の中に大量の豆が入っています。何個入っているか調べるため，まず箱から豆を100個取り出して，色をつけます。

先生，その豆は色をつけても食べられますか？

………(^^;)，大丈夫ということにしてください。説明に戻りましょう！

色をつけた豆を箱に戻し，よくかき混ぜます。その後，ランダムに豆を取り出しましょう。ここで80個の豆を取り出したとして，その中に色のついた豆が20個あったとします。どういう状況か，下図で見てみましょう。

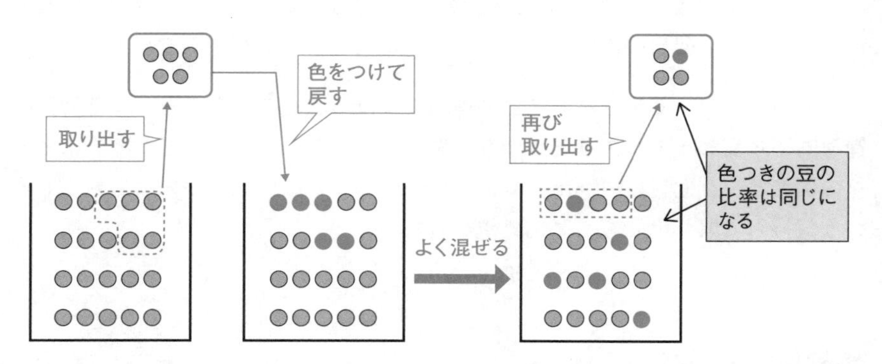

色のついた豆を戻した後によくかき混ぜているので，色つきの豆は均一に存在しているとみなせますね。そこから**ランダムに取り出した**わけですから，**「取り出した豆の中に含まれる色つきの豆」の比率は，「箱の中における色つきの豆」の比率と同じ**になります。この関係を式にすると次のようになります。

$$\frac{\text{色をつけた豆の数}}{\text{豆の総数}}=\frac{\text{２回目に取り出した色つきの豆の数}}{\text{２回目に取り出した豆の総数}}$$

豆の総数をNとして，この式に与えられた数値を代入すると，$\frac{100}{N}=\frac{20}{80}$

という関係が成立するので，豆の総数は400個と推定できます。この計算を，動物の個体群に応用すると，次のようなお馴染みの公式になります。

$$\frac{\text{標識をつけた個体数}}{\text{全個体数}}=\frac{\text{2回目に捕獲した標識個体数}}{\text{2回目に捕獲した個体数}}$$

「標識個体がちゃんと個体群の中にランダムに散らばること」と「2回目の捕獲がランダムに行われること」などの条件が成立すれば，上の公式が成立するんですね。言い換えると，この条件が成立しない場合には上の公式は成立せず，標識再捕法が使えないということになります。

動けない生物には使えないですね。

そうですね。植物などはもちろんですが，岩に張り付いて動かない**フジツボ，イガイといった固着生物に対しては標識再捕法が使えません**。また，調査期間中に**新たな出生・死亡，調査区域外との間での個体の移出入**があると，**標識個体の比率が変化**してしまい，正確な推定ができなくなります。

標識をつけられた記憶(トラウマ？)で，
2回目に捕獲されにくくなった場合などもダメですね！

その通りです。**捕獲されたことや標識をつけられたことを学習し，2回目の捕獲効率が変わってしまう場合**にも正確な推定ができなくなります。先ほどの豆の例だと，2回目に取り出す時に「色のついていない豆がいいなぁ～♪」という気持ちで取り出しちゃダメですものね。

類題にチャレンジ 47

解答 → 別冊 p. 35

ある地域のナメクジを標識再捕法により132匹捕獲した。それぞれの個体に消えないような標識をした後，同じ場所に放した。一定期間後に，同じ場所で84匹捕獲したところ，標識されたナメクジが3匹いた。

この地域のナメクジの個体数を推定し，有効数字2桁で解答せよ。なお，この地域のナメクジは標識再捕法を適用できる条件が揃っているものとする。

（東京理科大）

質問 50 ①身近な疑問 生物基礎

赤潮で魚が死んでしまうのはなぜですか？

A 回答 **赤潮**の原因は**富栄養化**だね。富栄養化ってどんな現象だったかな？

水中の栄養塩類の濃度が高くなる現象です！

その通りです。**栄養塩類というのは窒素(N)やリン(P)を含む物質**のことですね。内海や湾で過剰な富栄養化が起こると主に植物プランクトンが異常に増殖し，水面が赤褐色になる赤潮などが生じます。また，湖沼での過剰な富栄養化が起こった場合にはシアノバクテリアなどが増殖し，水面が青緑色になる**アオコ**(水の華)が生じます。

例えば，**硝酸イオン(NO_3^-)やアンモニウムイオン(NH_4^+)は，植物プランクトンに取り込まれて窒素同化**に用いられます。また，**リン酸イオン(PO_4^{3-})は核酸の合成**などに用いられます。よって，栄養塩類の濃度が高まると植物プランクトンが増殖することについては，感覚的に納得できますね。

富栄養化の原因は，やはり人間の活動ですか？

富栄養化は自然にも起こることだし，栄養塩類がある程度増えたとしても**自然浄化**することができます。しかし，人間の活動が原因で自然浄化しきれないレベルの富栄養化が起こってしまうこともあります。例えば，窒素肥料を大量に用いた結果，多くのイオンが河川に流出してしまう場合とか，生活排水に含まれていた有機物の分解で栄養塩類が大量に生じる場合とかね。

赤潮ではどんなプランクトンが増殖するんですか？

赤潮で増殖する植物プランクトンには多くの種類がありますが，**珪藻**や**渦鞭毛藻**(べん)が原因となることが多いようです。**珪藻と渦鞭毛藻はクロロフィルaとcをもつ単細胞の藻類**です。赤潮の原因となる植物プランクトンの代表としては，ヤコウチュウ，ホルネリア，ヘテロシグマ，スケレトネマなどがありま

す。でも，別に覚える必要のある生物名ではないので大丈夫ですよ。

さて，いよいよ本題「赤潮でなぜ魚が死んでしまうのか？」に答えます。

赤潮が起こると，**原因となるプランクトンが魚のエラに付着することで，エラにおけるガス交換機能が低下し，魚が窒息死**してしまいます。また，**異常に増殖したプランクトンが大量に死滅する際，その死骸の分解に大量の酸素がつかわれるので，水中の酸素濃度が低下**します。一般的にはこの２つの原因によって魚介類が死滅するとされます。また，一部のプランクトンは毒素をつくるので，それが原因となることもあります。

1972年に瀬戸内海で起こったホルネリアの増殖による赤潮では，1400万匹のハマチが死んでしまい，70億円を超える漁業被害が出ています。この被害についての原因を調べて対策を講じるため，ホルネリアを3000個体/mL 含む人工赤潮を用いた次のような実験が広島の水産試験場で行われました。

> ⑴　酸素飽和度を90％以上に保った人工赤潮（酸素飽和人工海水）にハマチを入れたところ，90分程度の間に全個体が瀕死の状態になった。
> ⑵　過剰な酸素を送り続ける人工赤潮（酸素過剰人工海水）にハマチを入れたところ，24時間経過してもハマチに変化がなかった。
> ⑶　⑴の実験によって瀕死の状態になったハマチに対して過剰な酸素を送り続けたところ，正常に遊泳できるように回復した。

いずれの実験においても，ハマチのエラにホルネリアが詰まり，エラの機能は低下していますが，過剰な酸素を供給することで，ホルネリアによるハマチの死亡を抑制できることがわかりました。

赤潮で魚が死んでしまうことに「酸素(O_2)」が大きく関わっているんだろうなぁということが示唆される結果ですね。

類題にチャレンジ 48

解答 → 別冊 p. 35

赤潮に関連する記述として不適当なものを，次から１つ選べ。

① 赤潮の原因となるプランクトンの中には，動物プランクトンや魚類のエサとして有用な種もある。

② 植物プランクトンが豊富に存在する海域は一般的に漁獲量が多い。

③ 日本では，下水設備整備などにより赤潮発生件数が近年減少している海域が多い。

④ アサリなどの二枚貝は海底をかく拌するため赤潮の発生を促進する。（滋賀県大）

質問 51

①身近な疑問

生物基礎・生物

地球温暖化によってサンゴの白化が起こると聞いたのですが，どういうことですか？

A 回答 重要な環境問題の１つですね。サンゴ礁についての知識があった方がいいので，そこから始めましょう！　まず…，サンゴは動物？

サンゴって動くんでしたっけ？
えぇっと，藻類でしょうか？

ハズレ！　サンゴは，**クラゲやイソギンチャクなどと同じ刺胞動物**に属しています。口の周りにある触手によって餌となるプランクトンを口に運び，取り込んで消化しています。しかし，それだけでは栄養が不十分で，**共生している褐虫藻から光合成によってつくられた有機物を受け取って生活しています**。褐虫藻が多くの有機物をつくれるように，サンゴは浅い海に生息しているんですね。

あの…，褐虫藻って何ですか？

褐虫藻は，渦鞭毛藻類という２本の鞭毛をもつ藻類の一種で，動物細胞の中に共生して光合成をするものの総称です。生物を分類するときなどによく耳にするグループなんですが，ふつうはあまり知らないですよね。

サンゴは，細胞内に褐虫藻を共生させているので，通常は褐色や茶色など様々な色に見えます。しかし，**様々なストレスによって共生している褐虫藻が減少すると，サンゴの本来の白い骨格が見えるようになります**。これが「サンゴの白化」です。サンゴは白化してもしばらくは生きており，再び褐虫藻が共生すれば元に戻れますが，白化した状態が続くと死んでしまいます。

様々なストレスの１つが高温なんですか？

その通りです。一般にサンゴは25～28℃という比較的高い水温を好みます。しかし，**水温が30℃を超えた状態が続くと白化が起きる**んです。

世界最大のサンゴ礁が広がるオーストラリアのグレートバリアリーフでは，

2017年に大規模な白化が発生し，この年だけで日本の国土面積の半分以上にあたる面積のサンゴ礁が被害を受けました。日本では，沖縄の石垣島と西表島の間にある石西礁湖という日本最大のサンゴ礁で，2016年に大規模な白化が起きています。

サンゴの白化の原因となるストレスとしては，高水温が最も深刻です。しかし，農薬の流入などによる汚染，土砂の流入による海水の透明度の低下，オニヒトデなど天敵となる動物の増加なども白化の原因となります。沖縄県は1995年に「沖縄県赤土等流出防止条例」をつくり，海水中への赤土の流入を抑制しています。

そもそもなんですが，
サンゴ礁ってなんでそんなに大事なんですか？

サンゴ礁は人間に様々な**生態系サービス**を与えてくれます！　サンゴ礁には様々な形状のサンゴが集まり，複雑な空間をつくっています。その結果，**様々な魚や貝類などが生育しています**。その中には人間が食用とする生物も多く，地域の人間の生活と密接に関わっています。また，島などの周囲にある**サンゴ礁は激しい波を食い止めてくれる**役割も果たしています。さらに，人間はサンゴでできた石灰岩を建築のために使ってきましたし，観光資源としても重要な役割を果たしています。

さらに，**サンゴの骨格は炭酸カルシウム**なんです！　ということは，サンゴは海水中の炭酸イオンを減らす役割を担っており，間接的に大気から海水への二酸化炭素の溶け込みを促進していることになります！

いや，サンゴってかなり大事なんですね！

よって，「サンゴを守ろう！」となるわけです。地球温暖化対策が最も重要とは思いますが，沖縄県のように条例を作ったり，サンゴの痛んでいる地域を立ち入り禁止にしたり，天敵を駆除したり…，と色々な対策を講じているんです。

しかし，サンゴもやられっぱなしではなく，適応を遂げている面もあります。一般に，水温が上昇したときに白化しやすいサンゴと白化しにくいサンゴの差は**共生している褐虫藻の差**に起因します。白化が起きて水温上昇に弱い褐虫藻を失っても，その後に水温上昇に強い褐虫藻をゲットできれば，サンゴが水温上昇に適応したと考えることもできます。

地球の長い歴史を考えれば，海水温のアップダウンなんて頻繁にあったわけですし，それでもサンゴは生き延びていますもんね。

…まぁそうだよね。なんという大局的なご意見！

しかし，数百年とかで考えれば地球温暖化によってサンゴが大幅に減少してしまうことになるし，サンゴの適応だけに任せるのではなく，何とかしてサンゴを守るための行動が必要になるよね。

サンゴ礁に興味が湧いてきました！
日本だったらやはり沖縄にしかないんですか？

もちろん，沖縄や奄美地方に多いですが，和歌山県の串本とかにもありますよ！　あと，キクメイシというサンゴのサンゴ礁が対馬の周辺にあります。このサンゴ礁は世界で一番北にあるサンゴ礁といわれています。

類題にチャレンジ 49

解答 → 別冊 p. 35

熱帯の海に広がる a サンゴ礁に眼を移してみよう。［　　　］動物に属するサンゴは，体内に存在する褐虫藻と呼ばれる単細胞藻類がつくりだした光合成産物を受け取ることにより，成長や呼吸に必要なエネルギーを得ることが可能である。すなわち b サンゴと褐虫藻の間には共生関係が成り立っているといえる。

この共生関係は環境変化によって容易に破綻しうる。褐虫藻にとって光は光合成に必要なエネルギー源でもあるが，夏の高水温・強光下では，過剰に吸収した光エネルギーによって，有害な活性酸素などが生成され，光合成系が損傷を受けてしまう。c 夏季に高水温が続くと，サンゴ体内から褐虫藻が消失するサンゴ白化現象がみられることがある。

問1　文中の空欄に適語を入れよ。

問2　下線部 a について，サンゴ礁は人類に様々な恩恵を与えてきた。このように人類が生態系から受ける恩恵を総称して何というか。

問3　下線部 b について，褐虫藻がサンゴから受け取り利用している物質はどのようなものと考えられるか答えよ。

問4　下線部 c のような状況が続いたとすると，サンゴの白化現象がみられた地域における種の多様性，およびサンゴの分布はどのように変化すると考えられるかについて，60字程度で説明せよ。　（琉球大・広島大）

質問 52

②教科書についての疑問　生物

結局，「かく乱」は良いことなんですか？ 悪いことなんですか？

A 回答 問題を解いている過程で混乱してしまったんですね。**種多様性**という観点で考えた場合**「ほどほどのかく乱があった方が良い」**んです。

「ほどほどのかく乱」が好ましいんですね。

このような考え方は**中規模かく乱説**といって，非常に重要です！　具体例を見ながら納得していきましょう。

例 1 右図は，グレートバリアリーフのサンゴ礁で調査されたサンゴの被度とサンゴの種数との関係である。▲はサンゴ礁外側斜面で，台風の高波や常にある程度の波浪の影響を受けている。●はサンゴ礁内側の平面状地形の場所で，波浪が少ないほどサンゴの被度は増加する傾向がある。点線はデータから想定された被度と種数の関係を示した曲線である。　（早稲田大）

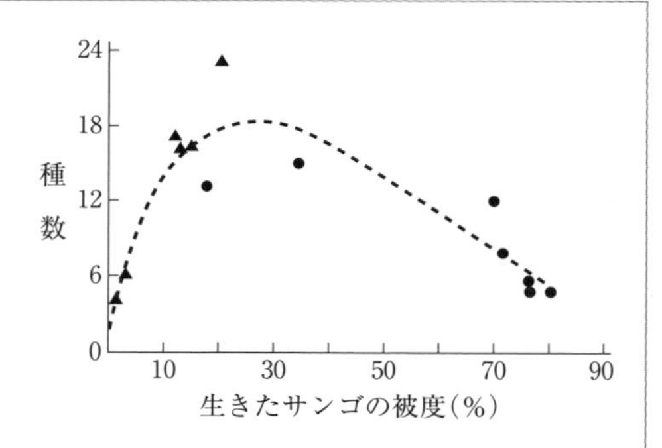

グレートバリアリーフはオーストラリアにある世界最大のサンゴ礁です。サンゴについては**質問51**『地球温暖化によってサンゴの白化が起こると聞いたのですが，どういうことですか？』を読んでくださいね！

台風や高波が，かく乱ですね。

その通りです。台風や高波が来るとサンゴが破壊されてしまうので，全体としてサンゴの量は減少しますよね。つまり，**台風や高波によってサンゴの被度**

(サンゴによって覆われている面積の割合)が小さくなります。

▲はサンゴの被度が小さい側に集まっているので，サンゴ礁外側斜面の方が強いかく乱を受けているということですね。

完璧です。サンゴ礁外側斜面で生息できるサンゴってどんなサンゴだろう？

かく乱に耐えられる強いサンゴ！

そうですよね。**かく乱に弱いサンゴは排除されてしまう**ので，**生息種数は少なく**なっています。一方，サンゴ礁内側はサンゴの被度が高いですから，台風や高波が少ないと考えられます。

台風や高波が少ないと，
平和でいいように思えますが…。

確かに，かく乱が少ないとサンゴの被度が大きくなっていきます。サンゴがどんどん増えていき，生活空間などの**資源**が不足していきます。そうすると，**資源を巡る種間競争が激しくなっていきます**。激しい種間競争の結果として，**競争的排除が起こり，種間競争に強いサンゴばかりになる**ため，**種多様性は小さく**なりますね。

確かに，かく乱が少ない場合も
種多様性が小さくなりますね。

中規模なかく乱が起きる環境では，**かく乱によって個体数が抑制されるので，資源を巡る種間競争が激化せず，競争的排除が起こりにくい**ですね。また，かく乱の強さもほどほどなので，**かく乱に弱い種も排除されずに生息できます**。結果として，**中規模なかく乱が起きる環境で種多様性が大きくなる**んです。

なるほどー！
もっと他の例もみてみたいです！

では，もう１つ例をみてみましょう。

例 2　生態的地位が類似した生物種は，同じ場所では共存しにくい。しかし，適度な強さや頻度で生じるかく乱は，生物群集における多種の共存を促進する効果をもち，これを中規模かく乱説という。たとえば年に数回の草刈りが行われている草原のほうが，数年以上にわたって草刈りを行わなかった草原よりも種数が多くなる場合がある。逆に，草刈りの頻度が高すぎると，種数が少なくなる場合がある。　（東邦大）

この場合，「草刈り」がかく乱なんですか？

その通りです。かく乱は台風のように自然に起こるものだけでなく，草刈りや森林伐採のような**人間によるかく乱**もあります。草刈りを全く行わない場合，草ボーボーになり，草どうしの種間競争が激しくなるので，種間競争に強い種ばかりになります。一方，過剰に草刈りをした場合，草刈りされても大丈夫な種しか生育できなくなります。

草刈りされても大丈夫な草…？

例えば，地下部に多くの栄養を蓄えていて，草刈りの後すぐに蓄えていた栄養をつかって復活できる草とかのイメージです！　そして，適度な頻度で草刈りをすると，**「種間競争に弱い種」も「草刈りに弱い種」も共存が可能となり，種多様性が大きくなる**んです！

中規模かく乱説が当てはまる例はたくさんあります。ぜひ，次ページの「類題にチャレンジ」にじっくり取り組んでみてください！

類題にチャレンジ 50

解答 → 別冊 p. 36

1 かく乱は，サンゴ礁では台風などによって起こる場合がある。大規模のものでは生物多様性が失われるが，中規模のものは結果的に生物多様性の確保につながることがある。なぜそれが多様性の確保につながるのか，大規模のものと中規模のものを比較しながら，サンゴ礁を例に100字程度で説明せよ。

（岩手大）

2 次の生物事象のうち，中規模かく乱説と同じ生態学的現象と解釈されるものを２つ選べ。

① 島の面積と種数の関係
② 里山の雑木林でのまきや炭の利用
③ 海水温の上昇によるサンゴの白化現象
④ 外来生物による遺伝的かく乱
⑤ 生息環境の分断化と劣化による絶滅の渦
⑥ 極相林におけるギャップの形成
⑦ 多数の小個体群から構成されるメタ個体群

（早稲田大）

MEMO

MEMO

大学入試

わかっていそうで，わかっていない

生物の質問52

［生物基礎・生物］

別冊

［類題にチャレンジ］解答・解説

旺文社

大学入試

わかっていそうで，わかっていない

生物の質問52

［生物基礎・生物］

別冊

［類題にチャレンジ］解答・解説

旺文社

もくじ ■類題にチャレンジ 解答解説■

第0章 学習相談

第1章 生命の進化

第2章 生命現象と物質

第3章 遺伝情報，生殖と発生

第4章 生物の環境応答と調節

第5章 生態と環境

類題にチャレンジ 01

問題 → 本冊 p. 14

1 ②　2 ③　3 ②，⑤，⑥　4 ①

解説　1 ①　ビリルビン**はヘモグロビンを構成するヘムの分解産物で，**胆汁**に含まれる物質**です。なお，bili- は胆汁を意味します。肝臓でつくられますが，血しょうタンパク質ではありません。

② アルブミン**は肝臓でつくられる代表的な血しょうタンパク質**で，卵白を意味する albumen に -in がついた名称です。卵白に含まれるタンパク質の半分以上がアルブミンです！

③，④ **チロキシンは甲状腺から分泌されるホルモン，**チューブリン**は微小管を構成するタンパク質**です。微小管という管(tube)の構成単位であるタンパク質なので，チューブリンという名称です。

2 ① NK 細胞**はリンパ球の一種**で，正式には natural killer cell（ナチュラルキラー細胞）です。

② ES 細胞は，正式には embryonic stem cell（胚性幹細胞）です。stem cell が幹細胞という意味です。

③ iPS 細胞は，正式には induced pluripotent stem cell（人工多能性幹細胞）です。

3 ① 硝酸イオンは窒素化合物ですが無機物なので不適です。

② **DNA，RNA といった核酸や ATP のようなヌクレオチドは塩基に窒素が含まれるので，有機窒素化合物**です。

③ デオキシリボースは DNA のヌクレオチドに含まれる五炭糖で，炭水化物なので窒素を含みません。なお，-ose は炭水化物(糖)を意味する接尾辞です。

④ クエン酸はクエン酸回路の中間物質でもある有機酸であり，窒素を含みません。

⑤，⑥ インスリンとアミラーゼはともにタンパク質なので，有機窒素化合物です。

4 ①，② **微小管上を－端に向かって動くモータータンパク質が**ダイニン，**＋端に向かって動くモータータンパク質が**キネシンです。

③，④，⑤ **ミオシンはアクチンフィラメント上を動くモータータンパク質**，ケラチン**は皮膚の角質層の細胞に多く含まれるタンパク質**で，皮膚の細胞の中間径フィラメントを構成します。kera- は角を意味しており，有名な恐竜「トリケラトプス」は角を３本もちますね(→本冊 p. 11)。

⑥ チューブリンは微小管を構成するタンパク質です。

なお，どうしても覚えるのがしんどければ，最終手段として，「－端にダイニン…，マイナスにダイニン…，マ…ダイ……，**『真鯛！』**」というような語呂合わせが悪いとは思いません。

類題にチャレンジ 02 問題 → 本冊 p. 17

塩分の過剰摂取により体液の浸透圧が上昇すると，これを間脳視床下部が感知する。すると，脳下垂体後葉からのバソプレシンの分泌が促進され，集合管における水の再吸収が促進されるので，尿量が減少する。(95字)

解説　基本知識を要求する論述です。

「体液の浸透圧を下げるために」とか「体液の浸透圧を元に戻そうとして」というような目的表現を使って論述している答案をよく見かけます。この表現が必ず減点されるということではありませんが，**このような目的表現の文章を書いたところで，その部分に得点は原則として与えられません**。つまり，書くだけ無駄な表現です。

ですから，「しくみについて論述する際には目的表現を使わない方が安全だ！」というような論述のコツがあります。このように，だらだらと答案を作成するのではなく，**注意事項やコツなども意識しながら論述対策していくと効率的**です。

類題にチャレンジ 03 問題 → 本冊 p. 21

1　①，⑤　　2　BMPのはたらきを抑制する。

解説　1　野生型の場合，割球B1のみが分化能Mをもちます。**タンパク質X(以下，X)がつくれない場合(突然変異体x)は，分化能Mをもつ細胞が生じないので，Xは割球が分化能Mをもつために必要**とわかります(①が正しく，②が誤り)。一方，**タンパク質Y(以下，Y)がつくれない場合(突然変異体y)は，分化能Mをもつ細胞が増えるので，Yは分化能Mをもつことを抑制**します。

また，図4を分析すると，XとYの両方がある割球(割球B2)は分化能Mをもたず(③が誤り)，Xのみをもつ割球(割球B1)が分化能Mをもちます。④の場合，分化能Mをもつために必要なXの蓄積をYが促進することになり，Yのはたらきが逆となっています。⑤は下図のような流れであり，実験結果に矛盾がありません。

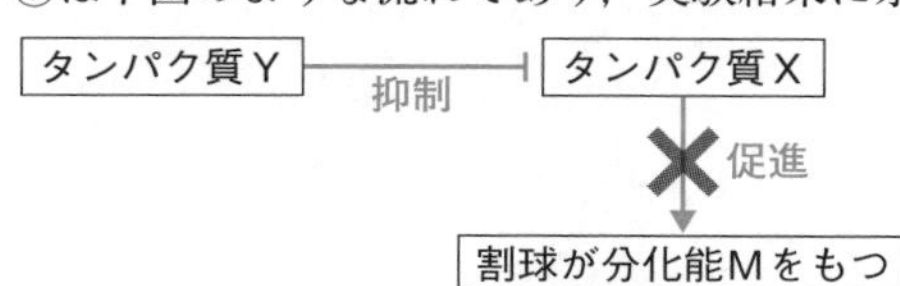

最後に，**野生型個体においてB2の割球にXとYの両方が存在することから，Xが Y を分解しているとは考えられず，⑥は誤り**とわかります。

2 これも**「抑制」に注意しながら整理**しましょう。

外胚葉細胞は外部から何も影響を受けなければ神経に分化しますが，胞胚全体に分布するBMPによって神経への分化が抑制されています。神経誘導では，**形成体からの誘導物質**(ノギン，コーディン)**はBMPに結合して，BMPのはたらきを阻害することで，外胚葉細胞が神経に分化することを可能にしています**(下図)。

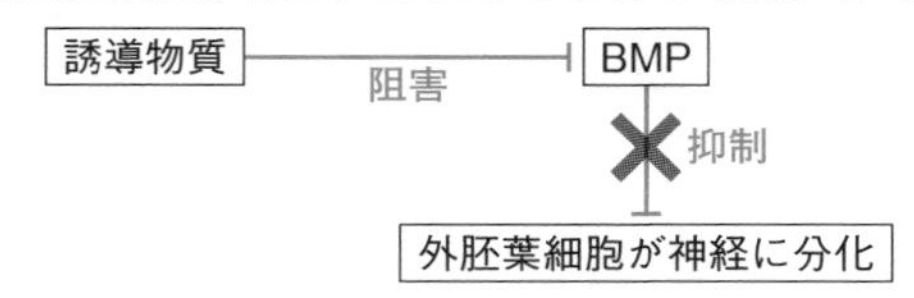

類題にチャレンジ 04

問題 → 本冊 p. 26

1 問1 A－②，④ B－③，⑤ C－①，⑥
問2 A－② B－⑤ C－⑥

2 ヒトの赤血球－⑤ カエルの卵－⑧ インフルエンザウイルス－③

解説 1 問題の生存曲線は**縦軸が対数目盛りになっている片対数グラフ**です。よって，**直線になっているBの生存曲線になる動物は生涯を通して死亡率がほぼ一定**であることがわかります。Bのような生存曲線は**平均型**と呼ばれ，一般に，小さい鳥類やは虫類がこの型に分類されます。

Aは初期死亡率が高い早死型で，魚類や貝類などがこの型に分類されます。

Cは親による保護があるため初期死亡率が低い晩死型で，哺乳類などがこの型に分類されます。

2 問題の軸が対数目盛りであることがわかると思います。$1\,m = 10^3\,mm = 10^6\,\mu m = 10^9\,nm$ です。

ヒトの赤血球は核やミトコンドリアをもたないため小さく，約7μmです。カエルの卵は種にもよりますが，一般に3mm程度です。インフルエンザウイルスは約100nm(＝0.1μm)です。

類題にチャレンジ 05

問題 → 本冊 p. 29

1　⑥→③→②→④→①→⑤　　2　①

解説　2　**化石が確認されている最古の植物は，シルル紀に出現したクックソニア**です。よって，①は石炭紀の記述ではありません。

類題にチャレンジ 06

問題 → 本冊 p. 32

1　AA - 0.36　　Aa - 0.48　　aa - 0.16

2　X島 - 0.7　　Y島 - 0.1

解説　1　問題の集団を40個の遺伝子の集団と考えましょう。この遺伝子プールにおける遺伝子 A の頻度は次式で求められます。

$$\frac{2\times 9+1\times 6}{2\times(9+6+5)}=0.6$$

遺伝子 a の頻度は $1-0.6=0.4$ なので，次世代集団は，

$$(0.6A+0.4a)^2=0.36AA+0.48Aa+0.16aa$$

となります。

2　まず，X島について考えましょう。遺伝子 M と N の頻度をそれぞれ p と q（ただし，$p+q=1$）とおくと，**ハーディ・ワインベルグの法則が成立していることから，*MM* の頻度は p^2 となる**ので，$p^2=0.49$ という関係が成立します。よって，$p=0.7$ と求まります。

Y島についても同様に考えると，$p^2=0.01$ であり，$p=0.1$ となります。

類題にチャレンジ 07

問題 → 本冊 p. 36

1　0.25　　2　0.5

解説　1　家系図を描くと右図のようになります。

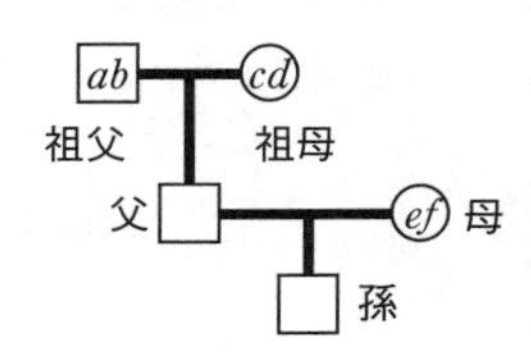

祖父の遺伝子型を ab，祖母の遺伝子型を cd，母親の遺伝子型を ef としましょう。

祖父が孫に「遺伝子 a をもっている？」と聞くんですね。

孫は，「遺伝子 a をもっている確率は $\frac{1}{4}$ だよ，おじいちゃん！」と答えますね。遺伝子 b についても同様です。よって，$(0.25+0.25)\times\frac{1}{2}=0.25$ となります。

2 **ミツバチの雄個体の核相が n** であることに注意して家系図を描くと，右図のようになります。

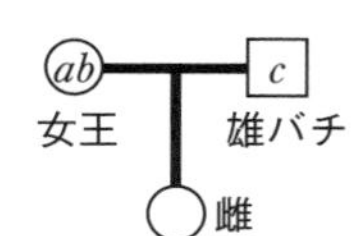

女王が娘に「遺伝子 a をもっている？」と問いかけます。娘が遺伝子 a をもつ確率は0.5，遺伝子 b についても同様です。よって，$(0.5+0.5)\times\frac{1}{2}=0.5$ となります。

類題にチャレンジ 08

問題 → 本冊 p. 39

問1　ア－オポッサム　　イ－ハリモグラ　　ウ－ヤツメウナギ

問2　エ－25　　オ－32　　問3　4.8×10^{8} 年前　　問4　3.3×10^{-10} 回

解説　問1　**ハリネズミとの間でアミノ酸の相違数が最も少ないオポッサムがハリネズミと最も近縁**なので，［ア］がオポッサムと決まります。逆に，アミノ酸の相違数が最も多いヤツメウナギがハリネズミと最も遠縁なので，［ウ］がヤツメウナギです。

問2　ハリネズミとオポッサムとの間でのアミノ酸の相違数が24なので，**分岐後にそれぞれで12回のアミノ酸置換が起きた**と考えられます。よって，**系統樹に示された「12」はアミノ酸置換回数**ですね。

ハリネズミの祖先とハリモグラの祖先の分岐，オポッサムの祖先とハリモグラの祖先の分岐のタイミングは同じなので，理論上は相違数も同じはずです。よって，この「ハリネズミとハリモグラの相違数48」と「オポッサムとハリモグラの相違数52」の数の違いは誤差と考えられます。誤差がある場合は平均(この場合は $\frac{48+52}{2}=50$)をとって考えましょう。よって，［エ］には，$50\times\frac{1}{2}=25$ が入ります。

同様に，ヤツメウナギと他の3種との間の相違数の平均は，$\frac{61+63+68}{3}=64$ なので，［オ］には $64\times\frac{1}{2}=32$ が入ります。

問3　ハリネズミとオポッサムの分岐年代が約 1.8×10^8 年前なので，タンパク質Xにおいて１回のアミノ酸置換が起きるために要する時間は，$\dfrac{1.8\times10^8}{12}=1.5\times10^7$ 年です。

ハリネズミとヤツメウナギの分岐後のアミノ酸置換回数は，問２より32回なので，両者の分岐年代は，$1.5\times10^7\times32=4.8\times10^8$ 年前 と推定できます。

問4　タンパク質Xにおいて，１回のアミノ酸置換が起きるために要する時間は，問３より 1.5×10^7 年なので，１年当たりのアミノ酸置換回数は，$\dfrac{1}{1.5\times10^7}$ 回 です。

タンパク質Xのアミノ酸数が200なので，１個のアミノ酸当たりの１年当たりの置換回数は，

$$\frac{1}{1.5\times10^7}\times\frac{1}{200}\fallingdotseq3.3\times10^{-10}\text{回}$$

となります。

類題にチャレンジ 09

問題 → 本冊 p. 42

問1　128μm　　問2　32目盛り分

解説　問1　図1より，接眼ミクロメーターの30と55の目盛りの部分で対物ミクロメーターの目盛りと重なることがわかります。この間の距離は，接眼ミクロメーターで25目盛り分，対物ミクロメーターで40目盛り分，つまり $40 \times 10 = 400\mu$m です。

よって，接眼ミクロメーター1目盛りの長さを x (μm)とすると，$25 \times x = 400$ となり，$x = 16\mu$m です。

図2より，血管の内径は接眼ミクロメーター8目盛り分なので，$16 \times 8 = 128\mu$m と求まります。

問2　**対物レンズの倍率を10倍のものから40倍のものに変えたので，接眼ミクロメーター1目盛りの長さは$\frac{1}{4}$倍の4μmになります。**よって，血管の内径は対物レンズの倍率が10倍の状態で8目盛り分でしたが，対物レンズの倍率を40倍のものに変えると $8 \times 4 = 32$目盛り分となります。

類題にチャレンジ 10

問題 → 本冊 p. 44

1　⑤　　2　③

解説　1　具体的に37兆という数値を覚えていなくても，桁数がわかっていれば選択することができますね。

2　受精卵が n 回分裂した際の細胞数は 2^n 個で，これが37兆を超える最少の n の値を求めればよいことになります。つまり，$2^n > 3.7 \times 10^{13}$ を解くことになります。$\log_{10} 2 \fallingdotseq 0.3$ なので，これを用いて一先ず $2^n > 10^{13}$ を満たす最少の自然数 n を求めましょう。

$\log_{10} 2^n > \log_{10} 10^{13}$ という不等式を変形すると，$n \times \log_{10} 2 \fallingdotseq 0.3n > 13$ となり，$n > 43.33\cdots$，求める n は44です。44回目の分裂で10兆個を超えるので，37兆個を超えるためには，さらに2回分裂する必要があります。

類題にチャレンジ 11　問題 → 本冊 p. 48

1　問1　アフリカツメガエルの卵母細胞にタンパク質Aとは関係ないタンパク質のmRNAを注入する実験を行う。

問2　卵母細胞の体積は急激に大きくなり，やがて破裂する。

2　ア－集合管　　イ－バソプレシン　　ウ－アクアポリン

解説　1　問1　**質問11**で紹介した実験についての問題ですね。卵母細胞に起きる変化がタンパク質Aのはたらきではなく，**実験操作自体による可能性を排除する必要があります**。例えば「mRNAを注入されたこと自体が原因となった可能性」や「水の注入が原因となった可能性」を排除するため，**タンパク質Aがつくられないような mRNA を注入して，何も起こらないことを示す必要があります。**

問2　タンパク質Aがアクアポリンであれば，注入したmRNAが翻訳され，合成されたアクアポリンが細胞膜に運ばれると予想されます。すると，浸透圧差により細胞内へと水が急激に入り，やがて破裂してしまいます。

2　**質問11**の後半で解説した内容についての空所補充問題です。**バソプレシンは集合管の細胞に作用し，集合管細胞の管腔側細胞膜上のアクアポリンの量を増やすことで，原尿からの水の再吸収を促進**します。

類題にチャレンジ 12　問題 → 本冊 p. 51

①

解説　実験1で用いているマウスBはTRPM8遺伝子が破壊されており，メントールに対する反応が完全になくなっています(表1)。よって，**TRPM8はメントールによって開くチャネル**であることがわかります。

図1より，メントール反応細胞は温度の低下によってCa^{2+}が細胞内に流入しており，**メントール反応細胞は低温によってCa^{2+}が通るイオンチャネルが開く**ことがわかります。

実験2より，マウスBは22℃の温度に対して感覚神経細胞への陽イオンの流入が完全になくなっており，**TRPM8は22℃という低温に応答して開く唯一のイオンチャネル**と考えることができます。一方，TRPV1遺伝子が破壊されたマウスCは，45℃という高温に対して陽イオンが流入する感覚神経細胞の割合が大幅に低下しています。よって，**TRPV1は45℃という高温に応答して開くチャネル**と考えられます。しかし，**割合が0％にはなっておらず，他にもこの温度に応答して開くチャネルが存在すると考えられます**(③は誤り)。

また，どのマウスについても12℃に対する反応は変化しておらず，**これらのチャネルは12℃に対する応答には無関係**と考えられます(②と④は誤り)。

類題にチャレンジ 13

問題 → 本冊 p. 56

問1　①

問2　異常なタンパク質や細胞小器官の分解ができず，細胞内に蓄積していくことで，正常にはたらけない細胞が多く存在するようになる。これが原因となる様々な症状が現れると考えられる。(84字)

解説　問1　②　本庶佑については**質問42**で詳しく扱っています。

③　岡崎令治**は，DNA複製における，ラギング鎖の不連続な合成について示した研究者**で，岡崎フラグメントは彼の名にちなんでつけられた用語です。

④　利根川進**は抗体遺伝子の再編成について解明し，1987年にノーベル生理学・医学賞を受賞した研究者**です。

問2　**質問13**の後半で紹介したパーキンソン病についての記述を思い出しながら考察するとよいでしょう。

類題にチャレンジ 14

問題 → 本冊 p. 61

問1　(1)　高温によって変性したタンパク質をシャペロンにより元の立体構造に戻せるので，細胞を保護することができる。

(2)　変性したタンパク質は疎水性の部分が分子表面に配置されることが多いので，シャペロンは表面にある疎水性の部分に結合すると考えられる。

問2　プリオン

解説　問1　(1)　HSPとしてのシャペロンのはたらきについて説明する必要がありますね。

(2)　**質問14**で説明した「正常なタンパク質と異常なタンパク質をどうやって区別するか」についての内容を踏まえて説明しましょう。**正常なタンパク質では，疎水性の部分は分子内部に配置されますが，変性するとこれが分子表面に配置されることが多い**んでしたね。

問2　プリオンには正常な構造と異常な構造があり，異常な構造のプリオン(異常プリオン)が正常な構造のプリオン(正常プリオン)に作用することで，正常プリオンを異常プリオンに変えてしまいます。異常プリオンが神経組織で凝集することで，脳障害などを起こし死に至ります。

異常プリオンによって脳障害が起こると不随意運動が起こったり，運動機能障害が起こったりすることから，牛海綿状脳症(BSE)は一般に狂牛病と呼ばれることが多いんです。

類題にチャレンジ 15

問題 → 本冊 p. 64

1 ⑤

2 ③

3 バソプレシンはタンパク質でできているホルモンなので，経口投与しても消化酵素によって分解されてから吸収される。よって，バソプレシンとして血液中に入れないため，効果はない。(84字)

解説 1 **質問15**では酵素について説明しましたが，同じ発想の問題です。インスリンはタンパク質でできているホルモンなので，経口投与すると消化酵素によって分解されてから吸収されます。よって，**経口投与したインスリンのまま血液中には入らないので，血糖濃度を下げることはできません**。

2 1の類題ですね。チロキシンは修飾アミノ酸なので，チロキシンを経口投与した場合は，そのまま血液中に取り込まれ，はたらくことができます。しかし，脳下垂体前葉から分泌される甲状腺刺激ホルモンはタンパク質でできており，経口投与してもはたらけません。

① **甲状腺をもたない個体に甲状腺刺激ホルモンを注射しており，チロキシンは分泌されないので，変態できません。**

② **甲状腺刺激ホルモンを経口投与しているので，チロキシンを分泌させることはできず，変態できません。**

③ チロキシンを経口投与しているので，この**チロキシンがそのまま取り込まれてはたらくことで，変態することができます。**

3 **脳下垂体後葉から分泌されるバソプレシンも，タンパク質でできているホルモン**です。

類題にチャレンジ 16

問題 → 本冊 p. 69

問1　ア：$\dfrac{K_M}{V_{max}}$　　イ：$\dfrac{1}{V_{max}}$

問2　下図　青いグラフ

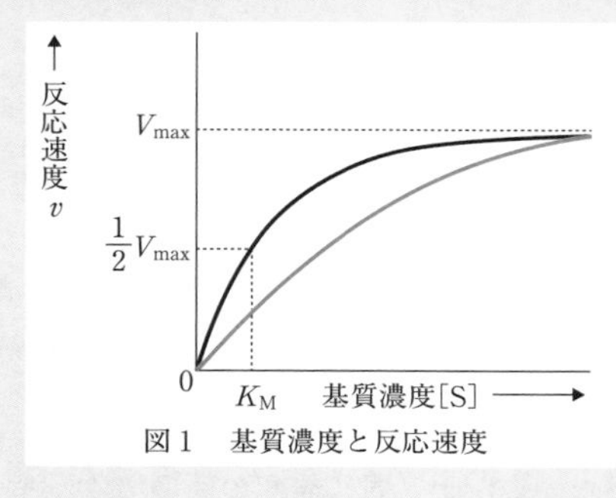

図1　基質濃度と反応速度

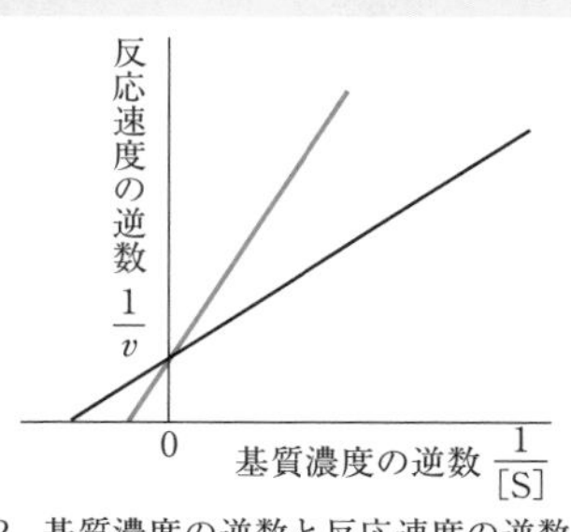

図2　基質濃度の逆数と反応速度の逆数

解説　問1　問1で与えられている式は，リード文中の式(ミカエリス・メンテンの式)の逆数をとったものですね。少し丁寧に式変形をしていくと，次のようになります。

$$\frac{1}{v}=\frac{K_M+[S]}{V_{max}[S]}=\frac{K_M}{V_{max}[S]}+\frac{[S]}{V_{max}[S]}=\frac{K_M}{V_{max}}\times\frac{1}{[S]}+\frac{1}{V_{max}}$$

なお，図2の横軸が基質濃度の逆数，縦軸が反応速度の逆数なので，上の式は $y=ax+b$ という直線の方程式の形になっていることがわかりますね。**すると，図2の直線の傾きが［ア］，縦軸切片が［イ］ということになります。**

問2　競争的阻害剤を加えた場合であっても，基質濃度[S]が十分に高くなると，競争的阻害剤が酵素の活性部位に結合する確率が無視できるようになります。よって，**競争的阻害剤を加えた場合であっても V_{max} の値は変わりません**。しかし，**競争的阻害剤により酵素と基質の結合が邪魔されることから K_M の値が大きくなります**。

よって，図2のグラフの**縦軸切片の値は変わりませんが，傾きが大きくなりますね**。

類題にチャレンジ 17

問題 → 本冊 p. 72

1　酸素の通気により呼吸を行うことで多くのATPが合成され，細胞内のATP濃度が上昇する。高濃度のATPによって解糖系の進行が抑制されるので，エタノールの生成量が減少する。(84字)

2　ア－FAD　　イ－還元　　ウ－$FADH_2$　　エ－酸化

解説　1　**質問17**の中で解説したパスツール効果の内容を踏まえて論述しましょう。「80字程度で説明せよ」とあるので，ホスホフルクトキナーゼという酵素名や，アロステリック酵素による調節のしくみまで言及しなくても構いません。

呼吸を行うことでATPをたくさん合成できること，**高濃度のATPが解糖系の進行を抑制する**ことの２点を盛り込みましょう。

2 **「酸素原子と結合する」・「水素原子を失う」・「電子を失う」ことが酸化**です。コハク酸脱水素酵素によってコハク酸は水素原子を失うので，コハク酸は酸化されます。一方，補酵素FADは水素イオンと電子を受け取るので，還元されて$FADH_2$となります。そして，電子伝達系では$FADH_2$が酸化されてFADに戻ります。

クエン酸回路では５回の脱水素反応が行われますが，コハク酸脱水素酵素のみがFADを補酵素として用い，他の脱水素酵素はNAD^+を補酵素として用います。コハク酸から奪われたH^+と電子が，最終的に酸素に渡されるまでのイメージは下図の通りです。

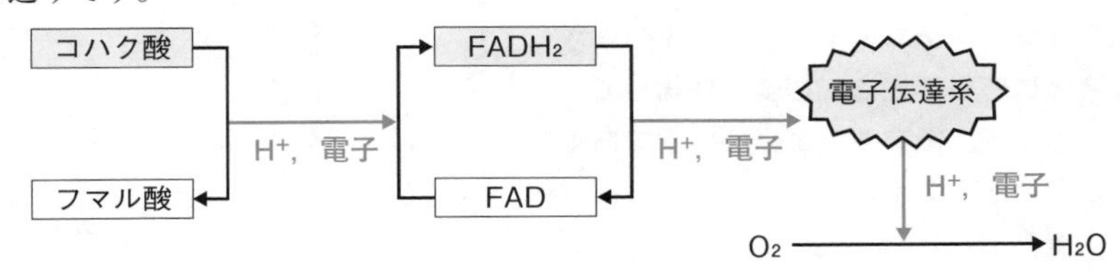

類題にチャレンジ 18

問題 → 本冊 p. 76

ミトコンドリア内膜を挟んだ水素イオン濃度差が消失し，電子伝達系の進行が促進されるので，NADHがNAD^+に戻る速度が大きくなり，有機物の代謝が活発になるから。

解説　問題文にある「水素イオンの濃度差が大きくなると電子の伝達が進みにくくなる」がポイントです。この文章を裏返すと，**水素イオンの濃度差が小さくなると電子の伝達が促進される**ことがわかりますね。

2,4-ジニトロフェノール(DNP)により，H^+がミトコンドリア内膜を透過できるようになると，内膜を挟んだ濃度差がなくなってしまいます。すると，**電子伝達系が促進され，ドンドン電子を伝達して酸素に渡すようになるので，NADHや$FADH_2$による電子伝達系への電子の供給も加速します。**電子伝達系に供給される電子は有機物の代謝によって生じるものなので，有機物の代謝(脂肪の消費など)が促進され，体重が減少することになります。

類題にチャレンジ 19

問題 → 本冊 p. 79

問1　2倍　　問2　光の強さ

問3　15℃, 2キロルクスの条件では限定要因が光の強さなので, 温度を25℃にしても光合成速度は変化しない。一方, 温度が25℃になることで呼吸速度が大きくなる。よって, 見かけの光合成速度である二酸化炭素吸収速度は小さくなる。(105字)

解説　問1　**問題のグラフ(右図)の縦軸は, 見かけの光合成速度**です。よって, 8キロルクスでの光合成速度は右図中の青矢印で8($mgCO_2/100cm^2$葉/時), 4キロルクスでの光合成速度は黒矢印で4($mgCO_2/100cm^2$葉/時)です。

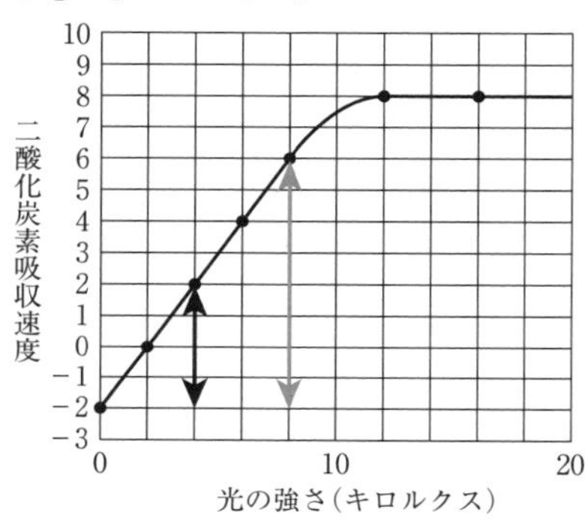

問2　6キロルクスの条件では, **光の強さの変化に応じて光合成速度が変化していることから, 限定要因が光の強さである**ことがわかります。

問3　**質問19**の中で解説した非常に重要なパターン問題です。**2キロルクスでの限定要因が光の強さなので光合成速度は変わらない**こと, **温度が高くなり呼吸速度が大きくなる**こと, **見かけの光合成速度である二酸化炭素吸収速度**(＝光合成速度－呼吸速度)**は小さくなる**ことについて答案に盛り込みましょう。

類題にチャレンジ 20

問題 → 本冊 p. 82

1　問1　トウモロコシ, サトウキビ

問2　C_4植物はCO_2を固定する能力が高いので, 日中の気孔開度を小さくして蒸散を抑制した状態で活発な光合成を行うことができるから。(60字)

問3　CO_2濃度が高い環境では, C_3植物も効率よくCO_2を固定できる。また, C_3植物はC_4回路でのATPの消費をすることなくCO_2を固定し, 有機物合成を行えるから。(73字)

2　植物A：CO_2濃度が約0.04%から2倍になると, 光合成速度が大幅に増加する。また, 気温が2.6℃上昇することによっても光合成速度が増加する。よって, 光合成速度は現在よりも大幅に増加すると予想される。(90字)

植物B：現在のCO_2濃度の約0.04%でCO_2濃度は飽和になっており, CO_2濃度の上昇の影響はない。よって, 気温が2.6℃上昇することによる光合成速度の上昇のみが起こり, 植物Aよりも増加の程度は小さいと予想される。(95字)

解説　1　問2　C_4回路でCO_2を固定する酵素であるPEPCの活性が高いので，C_4植物はC_3植物よりもCO_2を固定する能力が高いんでしたね。よって，C_4植物の葉の細胞は，**昼間にCO_2を活発に取り込み，細胞間隙のCO_2濃度が低下**します。その結果，**外部環境のCO_2濃度よりも細胞間隙のCO_2濃度が大幅に低くなり，気孔を大きく開かなくてもCO_2を活発に取り込むことが可能**となります。

よって，**C_3植物よりも蒸散速度が小さくてすみ，乾燥した環境でも生育が可能**になります。

問3　CO_2濃度が大幅に高くなると，C_4回路をもたなくても活発にCO_2を固定でき，C_4回路をもつことの優位性は小さくなります。**C_4回路はATPを消費するので，CO_2濃度が大幅に高くなった場合，C_4回路をもつことが不利に作用してしまう**と考えられます。

2　図1より，C_3植物である**植物AはCO_2濃度が0.04%から0.08%になることで大幅に光合成速度が増加**します。また，図2より，**気温が22.0℃から24.6℃になることでも光合成速度が増加**します。以上より，CO_2濃度の上昇により光合成速度は大きく増加すると予想できます。

一方，C_4植物である植物BはCO_2固定能力が高く，現在の0.04%ですでにCO_2濃度は飽和しており，**CO_2濃度が上昇する影響による光合成速度の増加はない**と考えられます。一方，図2より**気温の上昇により光合成速度は増加**します。以上より，C_3植物ほどではありませんが，C_4植物の光合成速度も増加すると予想できます。

類題にチャレンジ 21

問題 → 本冊 p. 87

1 原因遺伝子をヘテロ接合でもつヒトはマラリアに抵抗性があり，マラリア流行地域ではヘテロ接合体のヒトの適応度が大きくなるから。(61字)

2 問1 ア－U イ－アミノ酸

問2 32%

問3 ヒトの赤血球には核がないので，マラリア原虫に感染していない赤血球は染色されない。一方，感染している赤血球の場合，マラリア原虫の核が染色される。よって，染色の有無により赤血球内にマラリア原虫がいるかどうかを判定できる。

解説 1 鎌状赤血球症の原因遺伝子のホモ接合体のヒトは重度の貧血になるので，原因遺伝子の頻度は世代を重ねると減少していくと考えられます。しかし，**ヘテロ接合体のヒトは致命的な貧血にはならず，マラリアが重症化しにくい**という特徴をもちます。よってマラリア流行地域では，正常遺伝子のホモ接合体のヒトの適応度よりも，ヘテロ接合体のヒトの適応度の方が高くなります。

2 問1 鎌状赤血球症は，正常なβ鎖遺伝子に1カ所の塩基置換が起きることで発症する遺伝性疾患です。塩基置換の結果，6番目のアミノ酸がグルタミン酸からバリンに置換します。変異型のβ鎖がどのようにふるまうかについては，**質問21**で丁寧に解説したので，確認しましょう。

問2 正常遺伝子と鎌状赤血球症の病因遺伝子をそれぞれA，Sとします。成人集団において，遺伝子頻度はそれぞれ0.8，0.2なので，この集団でランダムに交配が行われて生じる次世代(出生段階)の遺伝子型とその頻度は，次のような計算によって求められます。

$$(0.8A+0.2S)^2=0.64AA+0.32AS+0.04SS$$

よって，求めるヘテロ接合体の割合は32%となります。自由交配の計算方法については**質問06**で解説してあります。

問3 **ヒトの赤血球には核が存在しない**こと，さらに**マラリア原虫が真核生物である**ことがポイントです。よって，赤血球がアクリジンオレンジ染色で染色された場合，赤血球内に真核生物であるマラリア原虫が寄生していると考えることができます。

類題にチャレンジ 22

問題 → 本冊 p. 91

②

解説 **質問22**の 例題1 と同じ計算をすればよいことがわかりますね。特定の6塩基対からなる配列を認識して切断する制限酵素を用いているので，この制限酵素の認識する配列が出現する確率は $\left(\frac{1}{4}\right)^6$ です。厳密に計算すると $\frac{1}{4096}$ ですが，ほぼ4000分の1としておきましょう。

そうすると，この制限酵素の認識する配列はキイロショウジョウバエのゲノム中に，おおよそ $1.2\times10^8\times\frac{1}{4000}=3.0\times10^4$ 箇所 あることになります。本問の選択肢は厳密に計算しているので，これよりもやや少ない②が正解と選べます。

類題にチャレンジ 23

問題 → 本冊 p. 97

1 酵素Xの末尾7つのアミノ酸の配列は，その配列がついているタンパク質をペルオキシソームに運び入れるはたらきをもっている。

2 ②，⑤

3 問1 桿体細胞

問2 毛色の遺伝子がある染色体とは異なる染色体にDNA断片が挿入された。

解説 1 実験より，**GFP** はペルオキシソームに運ばれませんが，末尾に酵素Xの末尾7つのアミノ酸の配列をつけた場合にはペルオキシソームに運び入れられています。よって，この7つのアミノ酸の配列はペルオキシソームへのタンパク質の輸送に関わることがわかります。

なお，本問の7つのアミノ酸の配列のように，タンパク質を特定の細胞小器官などへと運ぶためのシグナルとなるアミノ酸配列は，**シグナルペプチド**と呼ばれます。

2 1の問題と同様に，**タンパク質を可視化するために**GFPを用います。**フロリゲン**遺伝子と *GFP* 遺伝子の融合遺伝子をつくり，これを発現させます。すると，フロリゲンがどこでつくられ，どこを移動するかを可視化することができます。なお，GFPは波長が460nmの青色光を吸収することで最も強く蛍光を発しますが，紫外線でも蛍光を発することが可能です。

3 問1 遺伝子 *gfp* はロドプシン遺伝子のプロモーターにつなげられているので，ロドプシン遺伝子と同様の転写調節を受けることになります。よって，ロドプシンがつくられる網膜の桿体細胞のみで，この融合遺伝子が発現し，桿体細胞のみが緑色蛍光を発することができます。

問2　マウスX（遺伝子型 *GgBB*）と白毛マウス（遺伝子型 *ggbb*）を交配して得られた黒毛で眼に蛍光がある個体の遺伝子型は *GgBb* です。この遺伝子型の個体どうしを交配した結果が，「眼に蛍光があり黒毛：眼に蛍光があり白毛：眼に蛍光がなく黒毛：眼に蛍光がなく白毛＝9：3：3：1」となったことから，遺伝子 *G*(*g*) と *B*(*b*) は独立の関係にあるとわかります。

　なお，本問では，挿入されたDNA断片を *G*，これをもたないものを *g* と置いているので，この点に矛盾しないような表現で論述する必要があります。

類題にチャレンジ 24

問題 → 本冊 p. 101

　スペーサー配列の塩基配列の解析の結果，細菌のゲノムにはないウイルスの塩基配列の一部が存在していた。

解説　**質問24**の内容を踏まえた問題です。**質問24**の「**スペーサー配列には何があるんですか？**」の部分を確認してください。スペーサー配列にウイルスの塩基配列の一部が存在していたことから，ウイルス感染に何か関係する領域の可能性があると考えられるようになったんですね。

類題にチャレンジ 25

問題 → 本冊 p. 105

1　*AB*：*Ab*：*aB*：*ab*＝4：1：1：4

2　*BD*：*Bd*：*bD*：*bd*＝9：1：1：9

解説　1　*A* と *B*（*a* と *b*）が連鎖しているので，遺伝子の配置を模式的に示すと右図の通りです。組換え価が20％なので，**組換えを起こした遺伝子型 *Ab* と *aB* の配偶子が全体の20％になる**んですね。よって，遺伝子型が *Ab* と *aB* の配偶子が全体の10％ずつ，*AB* と *ab* の配偶子が全体の40％ずつとなります。

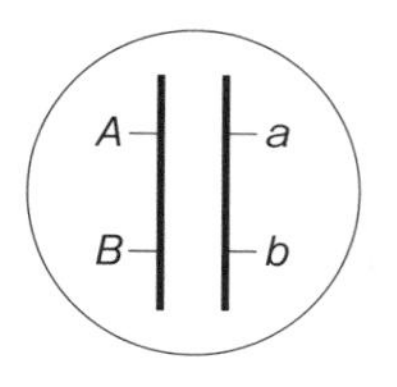

2　**1つの一次精母細胞から生じる4つの精子について，減数分裂の際に遺伝子間で乗換えが起きた場合，遺伝子型が *BD*，*Bd*，*bD*，*bd* の4種類の精子が1つずつできます。**乗換えが起きなかった場合には遺伝子型が *BD*，*bd* の2種類の精子が2つずつできます。

　本問では，全体の20％の一次精母細胞で遺伝子間での乗換えが起きており，この

20%の一次精母細胞からつくられる精子の半分が遺伝子型 Bd, bD です。つまり，つくられるすべての精子のうち，10%が組換えを起こした精子なので，**組換え価は10%**となります。

類題にチャレンジ 26

問題 → 本冊 p. 108

問1　種子の形 - すべて丸　　種皮の色 - すべて白色

問2　種子の形 - 丸：しわ＝3：1　　種皮の色 - すべて有色

解説　問1　**質問26**で説明した通り，**種皮は珠皮に由来するので，雌親の体細胞でできています**。実験1の交配は下図の通りで，つくられる種子について胚の遺伝子型は $DdEe$ であり種子の形は丸になりますね。一方，種皮の細胞の遺伝子型は $ddee$ なので，白色になります。

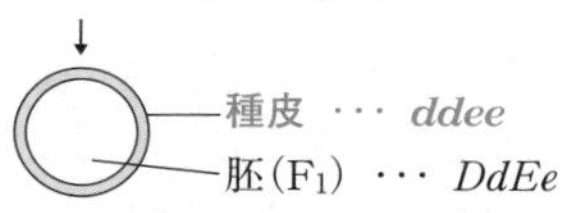

問2　実験1で生じた F_1 どうしの交配は下図の通りです。つくられる種子の種皮は雌親の体細胞なので，遺伝子型は $DdEe$ で有色になります。

本問において，$D(d)$ と $E(e)$ が独立の関係にあるのか，連鎖しているのかなどは不明なので，これらの2つの対立遺伝子について F_2 の遺伝子型を決めることはできません。 しかし，問2では実験2で生じた種子の表現型を聞かれているだけなので，F_2 が遺伝子 D をもつかどうかがわかれば表現型は決められます。

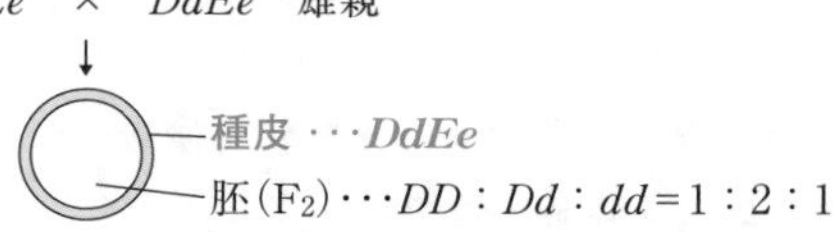

上図より，**遺伝子 $E(e)$ は種子の形に影響しないので無視すると，F_2 の胚の遺伝子型は DD：Dd：dd＝1：2：1 です**。よって，種子の形については，丸：しわ＝3：1となります。

類題にチャレンジ 27

問題 → 本冊 p. 110

問1　すべて右巻き

問2　右巻き：左巻き＝3：1

解説　問1　巻貝Rの巻き方は母性因子のmRNAによって決定するので，**雌親となる個体が遺伝子 D をもっていれば，右巻き遺伝子のmRNAが卵内に蓄積されます**。すると，**生じる子の遺伝子型によらず右巻き**となります。

本問では，遺伝子型が Dd の個体どうしの交配と考えられるので，生じる子の遺伝子型は $DD:Dd:dd=1:2:1$ ですが，**雌親の遺伝子型が Dd なので，どの個体も右巻き**となります。

問2　問1で生じた F_1 集団は，$DD:Dd:dd=1:2:1$ です。DD と Dd の個体がそれぞれ自家受精した場合に生じる個体はすべて右巻き，dd の個体が自家受精した場合に生じる個体はすべて左巻きとなるので，生じる F_2 集団の巻き方は，F_2 集団の遺伝子型と関係なく「右巻き：左巻き＝3：1」となります。

類題にチャレンジ 28　問題 → 本冊 p. 113

細胞株1では，正常なコラーゲンAのみからなる正常な三量体だけが合成され，正常な細胞と比べて半分量の正常な三量体構造を分泌できた。細胞株2では，正常なコラーゲンAとアミノ酸置換を起こした異常なコラーゲンAが細胞内でランダムに会合するため，異常なコラーゲンAが含まれる異常な三量体構造の割合が全体の $\frac{7}{8}$ となり，正常な三量体構造の割合が正常な細胞の $\frac{1}{8}$ に減少した。そのため，正常な三量体構造の分泌量の低下が著しく，細胞外マトリクスの質的変化が生じたため，重大な異常が生じた。(232字)

解説　設問文中に「コラーゲンAは三量体構造をとって分泌され」とあることから，**コラーゲンAが3本のポリペプチドが会合してできる四次構造のタンパク質**であることがわかります。また，細胞株1も細胞株2も量は少ないですが正常なコラーゲンAをつくれてはいるので，**正常遺伝子と変異遺伝子のヘテロ接合体**です。**質問28**のALDH2のヘテロ接合体の場合と同じように考えることができそうですね！

細胞株1の変異遺伝子からつくられるポリペプチドについては「本来より短いコラーゲンAが合成され，短いコラーゲンAは細胞内で分解されていた」と書かれています。スプライシングに異常がないこともわかっているので，塩基置換によって終止コドンが現れ，短いポリペプチドがつくられたと予想できますね。

変異株1で合成された短いポリペプチドは分解されてしまうので，正常なポリペプチドと会合することはないと考えられます。よって，細胞内では正常なポリペプチドどうしのみで会合するので，**合成される三量体のコラーゲンAはすべて正常**となります。ただし，合成される正常なポリペプチドの量が半分なので，**合成される正常なコラーゲンAの量は正常細胞の半分**となります(次ページの図)。

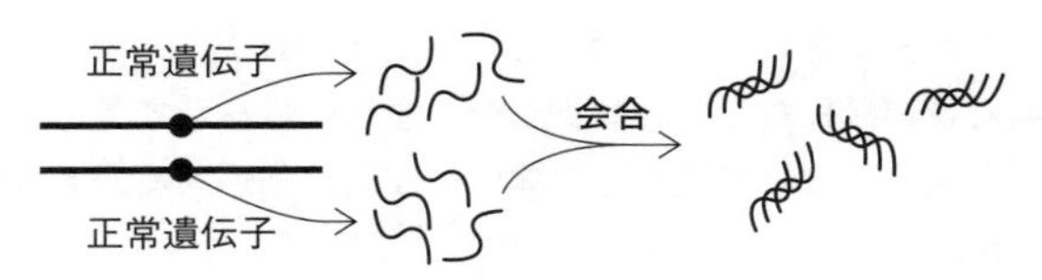

〔正常な細胞でのコラーゲンAの合成〕

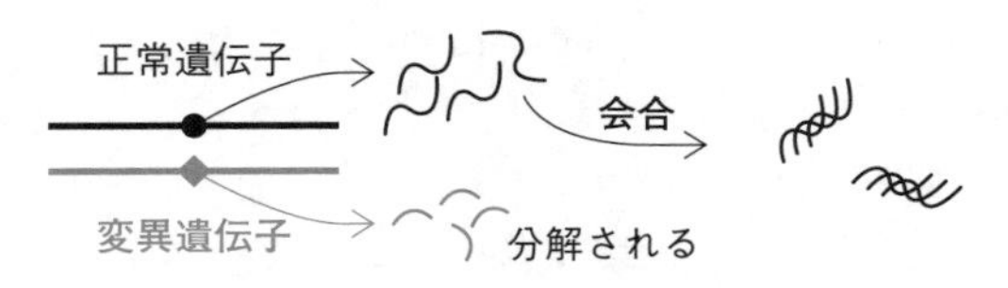

〔変異株1でのコラーゲンAの合成〕

一方，変異株2ではアミノ酸が1つ置換したポリペプチドがつくられています。そして，設問文中に「細胞株2の変異コラーゲンAも三量体形成能を有している」とあることから，**細胞株2では正常なポリペプチドと変異ポリペプチドが会合してしまう**ことがわかります(下図)。

〔変異株2でのコラーゲンAの合成〕

すると，**正常なポリペプチドのみから構成される三量体構造は大幅に減少し，確率的には $\frac{1}{8}$ に減少する**と考えられます。よって，変異株2は変異株1よりもさらに正常な三量体構造の量が減少し，これにより細胞外マトリクスの質的な変化が起きてしまったと考えられます。

類題にチャレンジ 29 問題 → 本冊 p. 118

グループ1の健常者の尿に対しては正の化学走性を示し，グループ2のがん患者の尿に対しては負の化学走性を示すと考えられる。

解説 $N_{(A)}$は被験者の尿の付近にいる個体数，$N_{(C)}$は被験者の尿から離れた場所にいる個体数なので，**$N_{(A)} > N_{(C)}$であれば被験者の尿に誘引されており，$N_{(A)} < N_{(C)}$であれば被験者の尿を忌避している**ことになりますね。よって，グループ1の尿には誘

引されており，グループ２の尿は忌避していることがわかります。このことから，**がん患者の尿と健常者の尿に対してセンチュウが逆の走性を示すことがわかるので，センチュウの走性を調べることで被験者の体内にがん細胞があるかどうかを判定できる**と期待されますね。

さて，本問ではグループ１とグループ２のどちらががん患者のグループか示されていないので，これを合理的に予想する必要があります。グループ１とグループ２を比べると，走性の程度のバラつきが大きいのはグループ２です。健常者どうしでは尿中の物質の組成や濃度には大きな差がないと考えられますが，がん患者どうしでは，がんの進行度合いや種類などによって大きな差がある可能性があります。よって，**バラつきの大きいグループ２ががん患者のグループ**と考えられます。

よって，**センチュウは健常者の尿に対して正の化学走性を示し，がん患者の尿に対しては負の化学走性を示す**と考えられます。そして，なんと現在では実際にセンチュウを使ったがん診断が行われており，わずかな量の尿を用いて簡単でかなり高い精度で診断できるんだそうです。

類題にチャレンジ 30

問題 → 本冊 p. 121

②

解説　**質問30**の後半でも説明しましたが，分化した体細胞に *Oct4*，*Sox2* などの**複数の遺伝子を導入して発現させる**ことによって iPS 細胞を作出することができますね。

類題にチャレンジ 31

問題 → 本冊 p. 124

問1　アー気管　イー赤血球　ウーヘモグロビン　エー炭酸水素イオン

問2　骨格筋の収縮により胸郭が拡がり，さらに横隔膜を収縮させることで胸腔が拡がり，胸腔内の気圧が下がることで，空気を取り込む。

解説　問1　**組織から放出される CO_2 は炭酸(H_2CO_3)となり，さらに赤血球内の酵素によって炭酸水素イオンになります。**そして，炭酸水素イオンの状態で血しょうに溶けて肺まで運ばれ，**肺で再び炭酸，さらに CO_2 となって体外へと放出されます。**

問2　胸郭は肋骨と胸骨からなる胸部内臓を包む骨格で，上下の肋骨の間をつなぐ骨格筋の収縮によって動き，胸郭内の容積が変化します。それとともに，横隔膜が収縮して下がることで，胸腔の容積が増えます。これらによって**胸腔内の気圧が低下し，気圧の差によって体外から肺へと空気が吸い込まれます。**

参考までですが，上下の肋骨の間には下図のように交差する形の2種類の骨格筋(外肋間筋，内肋間筋)があります。息を吸うときは，外肋間筋が収縮して肋骨が脊椎に対して垂直に近くなるように動き，胸骨が上がって胸郭内の空間が拡がります。一方，息を吐くときは，内肋間筋が収縮して胸骨が下がって胸郭内の空間が狭まります。

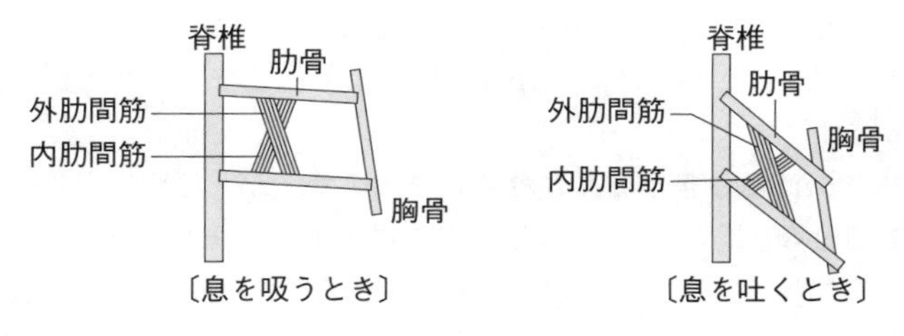

類題にチャレンジ 32

問題 → 本冊 p. 128

問1　B　　問2　11.6mL

解説　問1　**二酸化炭素分圧が高くなることで，ヘモグロビンの酸素親和性が低下しますね。**よって，酸素ヘモグロビンの割合の低いBが二酸化炭素分圧の高い条件での酸素解離曲線です。

問2　肺胞での酸素ヘモグロビンの割合はAのグラフより95%，組織での酸素ヘモグロビンの割合はBのグラフより40%です。

設問文の条件より，100mL の血液が運べる酸素は，最大で$15\times1.4=21$(mL)

なので，100mL の動脈血が運んでいる酸素は，$21\times\frac{95}{100}$(mL)，

100mL の静脈血が運んでいる酸素は，$21\times\frac{40}{100}$(mL)

となります。よって，組織で放出される酸素は，

$$21\times\frac{95-40}{100}=11.55\text{(mL)}$$

となります。

類題にチャレンジ 33 問題 → 本冊 p. 132

問1　ア－②　イ－②　ウ－①　エ－①
問2　オ－②　カ－②　キ－①

解説　問1　リード文にも書かれていますし，**質問33**でも説明しましたが，**HIFがはたらくと赤血球数が増加します**。よって，［ウ］と［エ］がともに①であることがわかります。

VHL は HIF に結合して HIF を分解するタンパク質で，低酸素状態の細胞では両者が結合せず，HIF がはたらけます。よって，［ア］が②となります。さらに，アスパラギンヒドロキシラーゼは HIF のはたらきを低下させる酵素なので，この酵素の活性が低下することで HIF がはたらけるようになります。よって，［イ］も②となります。

問2　オ．**HIF のはたらきが促進されてしまうので，がん細胞に栄養分や酸素を供給する毛細血管が増えて，がん細胞の活動を助けてしまいます。**

カ．HIF が VHL と結合できず HIF が分解されなくなります。すると，HIF のはたらきが促進されてしまうので，この場合もがん細胞の活動を助けてしまいます。

キ．HIF のはたらきを直接妨げており，がん細胞の活動を妨げられると考えられます。

類題にチャレンジ 34 問題 → 本冊 p. 135

1　128mL

2　問1　ボーマンのうへろ過されるが，毛細血管への再吸収が全く起こらない物質。
問2　物質Y

解説　[1]　本問は「原尿量＝尿量×イヌリンの濃縮率」という公式に代入することが求められている問題です。よって，

$$原尿量 = 1.1(\mathrm{mL/分}) \times \frac{93(\mathrm{mg/mL})}{0.8(\mathrm{mg/mL})} \fallingdotseq 128(\mathrm{mL/分})$$

となります。

[2]　問1　**質問34**で解説した**原尿量＝尿量×イヌリンの濃縮率**という関係が成立する理由を踏まえて考察しましょう。**イヌリンのように，「ろ過されるが再吸収されない物質の濃縮率」と「尿量」の積が，「原尿量」に相当する**んですね。

クリアランスは尿量と濃縮率の積で，物質Xのクリアランスが原尿量に相当することから，物質Xは尿生成の過程においてイヌリンと同じ性質をもつ物質と考えられます。

問2　「物質Yのクリアランス＜物質Xのクリアランス」ということは，**「物質Yの濃縮率＜物質Xの濃縮率」**ということです。このことより，**物質Yはある程度再吸収されている**ため，物質Xよりも濃縮率が小さいと考えられます。よって，再吸収率が0％の物質Xと比べれば，もちろん物質Yの再吸収率の方が高いことがわかります。

類題にチャレンジ 35　問題 → 本冊 p. 137

問1　200mg/100mL　　問2　250mg/分　　問3　125mL

解説　問1　尿中にグルコースが排出され始める血糖濃度を答えればOKです。

問2　血糖濃度が200mg/100mLを上回ると尿中にグルコースが排出されることから，このときのグルコース再吸収速度が，再吸収速度の最大値です。

「再吸収速度＝ろ過速度－排出速度」という関係が成立するので，血糖濃度200mg/100mLのときの再吸収速度は250mg/分となり，これが再吸収速度の最大値です。

問3　原尿量を求めるので，原尿へのグルコースの移動速度(＝グルコースのろ過速度)に注目します。

このグラフ上の点であればどこを使って計算しても原尿量を求められますが，格子点を通っていて見やすいので，血糖濃度400mg/100mLのときの値を用いて計算します。原則として，**ろ過される物質については「血しょう中濃度＝原尿中濃度」という関係が成立する**ので，これを用いて計算しましょう。

1分間の原尿量をx(mL)とすると，次式が成立します。

$$\boxed{血糖濃度} \frac{400(mg)}{100(mL)} = \frac{500(mg)}{x(mL)} \boxed{血糖濃度400mg/100mLのときの原尿中のグルコース濃度}$$

この式を解くと，$x=125$ と求まります。

類題にチャレンジ 36

問題 → 本冊 p. 141

1 ③

2 ①，④

3 蛹化の時期になりエクジステロイドが分泌されると，これが標的細胞内の受容体に結合する。エクジステロイドと受容体の複合体は調節タンパク質として蛹化に必要な一群の遺伝子の転写調節領域に結合し，これらの転写をまとめて促進する。(109字)

解説 1 **ペプチドホルモンは細胞膜を通れないので，受容体は標的細胞の細胞膜に存在しています。**質問36の中で，**Gタンパク質共役型受容体**(GPCR)と**酵素型受容体**を紹介したので，そのイメージを踏まえて③と④の選択肢を吟味しましょう。

標的細胞がペプチドホルモンを受容すると，活性化したGタンパク質により別の酵素が活性化したり，受容体のリン酸化酵素としての活性が高まったりします。その結果として，**セカンドメッセンジャー**が合成されたりして，ホルモンに対する応答が起こります。

④のように，ペプチドホルモンと受容体の複合体が，遺伝子の調節領域に直接作用して，遺伝子発現調節をすることはありません。**脂溶性のステロイドホルモンやチロキシンの場合には，ホルモンと受容体の複合体が調節タンパク質としてはたらきましたね。**

2 ②，③，⑤はタンパク質でできたホルモン(ペプチドホルモン)についての記述です。

3 原核生物では，機能的に関連のある複数の遺伝子がまとめて転写調節されます。原核生物において，**1本のmRNAにまとめて転写される遺伝子群のことをオペロンといいましたね。**

一方，真核生物の遺伝子発現は遺伝子ごとに独立に調節されます。しかし，ショウジョウバエの蛹化に必要な複数の遺伝子が同時に転写を開始することから，**これらの遺伝子に同時に転写を促進する調節タンパク質が作用したと考えることができます。**

エクジステロイドというホルモンは聞いたことがなくても，名前に「ステロイド」とあることから，ステロイドホルモンと予想することができますね。すると，**エクジステロイドの受容体は標的細胞の細胞内にあり，これらの複合体は転写調節タンパク質としてはたらく**と考えられます。この複合体が蛹化に必要な複数の遺伝子の転写調節領域に結合し，これらの遺伝子の転写をまとめて同時に促進したと考えると，合理的に説明がつきます(下図)。

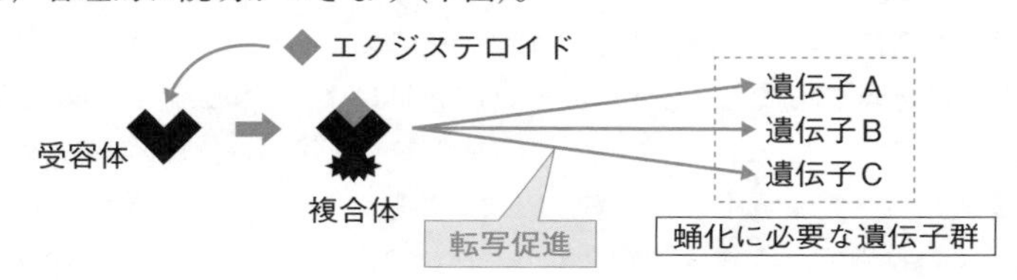

類題にチャレンジ 37

問題 → 本冊 p. 144

1 問1 基質特異性

問2 1型糖尿病の患者はランゲルハンス島B細胞が破壊されており，インスリンが分泌できない。よって，GLP-1 受容体作動薬を投与してもインスリンが分泌されず，効果がないと考えられる。(86字)

2 ア－2 イ－グルカゴン

解説 1 問1 GLP-1 を分解する酵素は，基質である GLP-1 を分解できますが，アミノ酸配列が似ているエキセンジン-4 は分解できません。これは，酵素は特定の基質にしか作用できない**基質特異性**によると考えられます。

問2 GLP-1 受容体作動薬はランゲルハンス島B細胞に作用し，インスリンの分泌を促進することを目的として投与されます。しかし，**1型糖尿病の患者は自己免疫などによりランゲルハンス島B細胞が破壊され，インスリンが分泌できなくなっている**ので，GLP-1 受容体作動薬を投与してもインスリンを分泌できません。よって，糖尿病の改善効果はないと考えられます。

2 生活習慣病としての糖尿病は1型糖尿病ではなく**2型糖尿病**です。2型糖尿病は食生活の乱れ，運動不足，ストレスなど様々な要因により発症します。

血糖濃度を上昇させるホルモンのはたらきを阻害すれば，血糖濃度の上昇を防ぐことができ，糖尿病治療につながると考えられます。［イ］にはすい臓から分泌される血糖濃度を上昇させるホルモンが入るので，正解はグルカゴンとなります。

類題にチャレンジ 38

問題 → 本冊 p. 148

問1　ア－基本転写因子　イ－RNA ポリメラーゼ　ウ－プロモーター
　エ－転写調節　オ－負

問2　③

解説　問1　**質問38**と同様の下図を参考に考察しましょう。CLOCK タンパク質により *Per2* 遺伝子の転写が促進されます。そして，合成された PER2 タンパク質は CRY と複合体を形成し，CLOCK タンパク質による *Per2* 遺伝子の転写促進効果を阻害します。

PER2 タンパク質がつくられたら，PER2 タンパク質の合成を抑制するという流れになっているので，これは**負のフィードバック調節**であることがわかりますね。

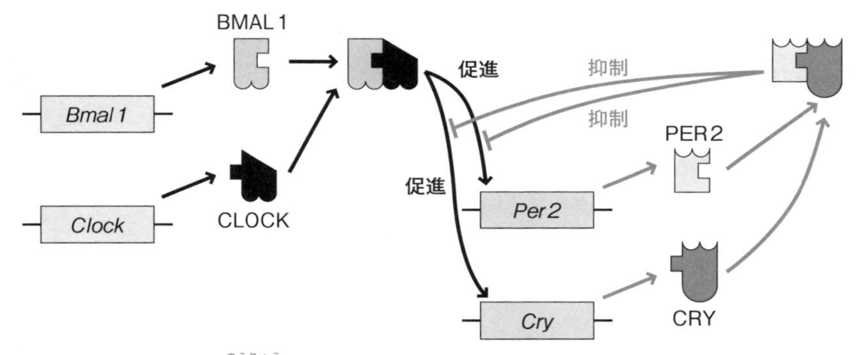

問2　①－**大脳**，②－**脳梁**(のうりょう)，④－**脳下垂体**，⑤－**中脳**，⑥－**延髄**，⑦－**小脳**です。

類題にチャレンジ 39

問題 → 本冊 p. 154

問1　定常部のアミノ酸配列がヒトのものと異なるから。(23字)

問2　ヒトの抗体の定常部遺伝子を，抗体をつくらせる動物に導入する。(30字)

解説　**質問40**の後半で解説した内容についての問題です。**抗体の定常部のアミノ酸配列は動物の種によって異なるので，ウマなどの抗体をそのままヒトに投与すると異物と認識**されてしまいます。また，繰り返し投与するうちに**アナフィラキシー**が起きてしまうこともあります。

そこで，**遺伝子組換えにより定常部などのアミノ酸配列をヒトのものに改変したヒト化抗体**が用いられるようになっています。

類題にチャレンジ 40

問題 → 本冊 p. 160

キラーT細胞が正常な自己の細胞を攻撃することを抑制するはたらき。

解説　キラーT細胞のもつ PD-1 とがん細胞のもつ PD-L1 が相互作用することで，キラーT細胞による攻撃が抑制されることが書かれています。よって，**これらのタンパク質はキラーT細胞の攻撃を抑制するためのものである**ことがわかります。このことを踏まえ，正常な細胞がこれらのタンパク質をもつ意義を考察しましょう。もちろん，正常な細胞に対する免疫応答が起きてしまうことは好ましくないですよね。よって，**正常な自己の細胞を攻撃してしまう自己免疫を抑制するはたらきを担っている**と推測することができます。

類題にチャレンジ 41

問題 → 本冊 p. 163

問1　④　　問2　④

解説　問1　実験のようすを，右図のように図でイメージし，**質問43**で理解した公式を用いて解きましょう！

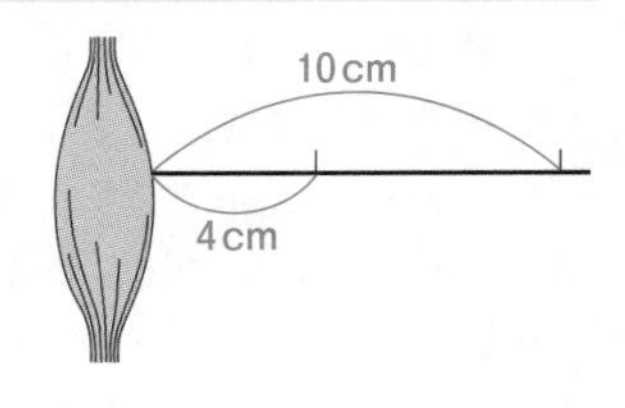

$$伝導速度 = \frac{刺激をした2点間の距離}{筋収縮までの時間差}$$

$$= \frac{10-4(\mathrm{cm})}{10-7(ミリ秒)} = 2(\mathrm{cm}/ミリ秒) = 20(\mathrm{m}/秒)$$　です。

問2　神経筋接合部から 4cm 離れた点を刺激した場合の結果について方程式を作りましょう。ただし，神経筋接合部での伝達に要する時間を x(ミリ秒)とします。

7ミリ秒 =〔4cm の伝導に要する時間〕+〔伝達に要する時間〕
+〔筋肉における収縮までの反応に要する時間〕
= 2 (ミリ秒) + x(ミリ秒) + 2 (ミリ秒)

よって，伝達に要する時間は3ミリ秒とわかります。

類題にチャレンジ 42

問題 → 本冊 p. 165

①－弛緩し　②－緊張する　③－薄く　④－前面

解説　**質問44**の復習問題です。水晶体が薄くなることまでは基礎知識です。また，**質問44**の中で，**水晶体の曲率は主に前面のみで変化する**ことを学びましたね。

類題にチャレンジ 43

問題 → 本冊 p. 169

問1　1.5μm　　問2　1.0μm　　問3　0.6μm　　問4　1.5μm

解説　問1，2　**質問45**でも説明したように，「アクチンフィラメント**どうしが重なると張力が低下してしまう**」んですよね。

サルコメア(筋節)の長さを2.0μmより狭めると張力が低下することから，サルコメアの長さが2.0μmのときのようすは図Aの通りです。

2.0μm

図A

アクチンフィラメント2本分の長さが2.0μmなので，アクチンフィラメントの長さは1.0μmです。

また，**アクチンフィラメントとミオシンフィラメントが重ならなくなると張力が0になる**ので，サルコメアの長さが3.5μmのときのようすは図Bです。

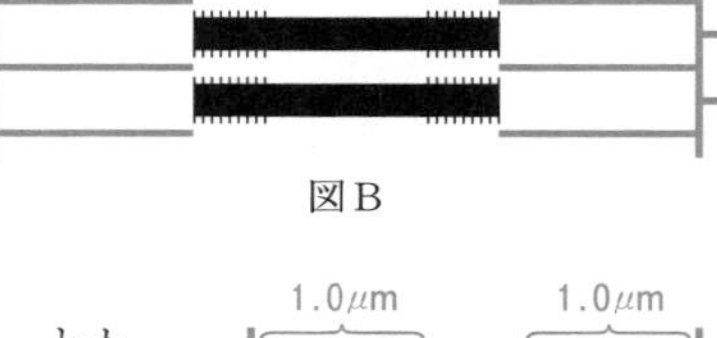

図B

アクチンフィラメント2本分の長さが2.0μmとわかっているので，ミオシンフィラメントの長さは，3.5－2.0＝1.5μmです。

1.0μm　1.0μm

2.6μm

図C

問3　サルコメアの長さが2.6μmのようすは図Cの通りです。このとき，サルコメアの中でアクチンフィラメントの存在しない領域の長さは，アクチンフィラメントの長さが1.0μmとわかっているので，2.6－2×1.0＝0.6μmとなります。

問4　サルコメアの長さが3.0μmのようすは図Dの通りです。ミオシンフィラメントの長さが1.5μmなので，ミオシンフィラメントの隅からZ膜までの距離は0.75μmです。よって，明帯の長さは，2×0.75＝1.5μmとなります。

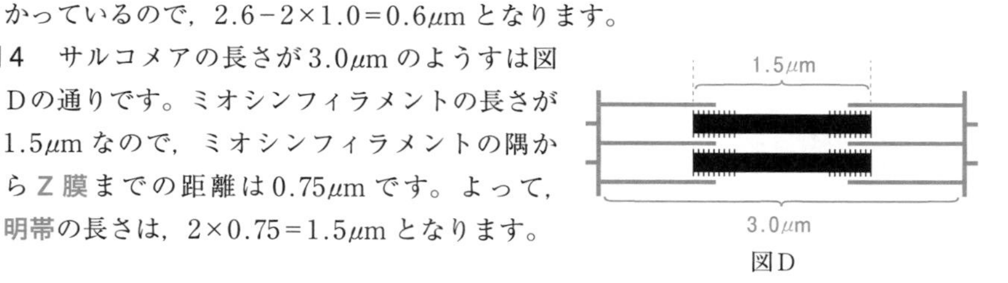

図D

類題にチャレンジ 44

問題 → 本冊 p. 171

葉が食べられてしまい，十分なアブシシン酸をつくれず，花芽を越冬芽にすることができなかったから。(47字)

解説　**質問46**の内容を踏まえて考察する問題です。サクラでは，前年の7月には花芽が形成されており，**葉でつくられたアブシシン酸が花芽に送られ，花芽が越冬芽になる**んでしたね。

本問の「狂い咲き」は花芽が越冬せずに，秋に開花してしまう現象なので，花芽が越冬芽になれなかったと考えられます。このことと，昆虫の幼虫による大規模な食害がどのように関連するかを考えましょう。もちろん，昆虫の幼虫は葉を食べたと考えられますから，十分なアブシシン酸をつくれなくなり，花芽を越冬芽にできなかったと推測できますね。

類題にチャレンジ 45 問題 → 本冊 p. 175

④，⑤

解説　重力屈性のしくみについては**質問47**の中で詳しく説明しましたが，この問題は与えられた情報を正確に読み取って選択肢を選ぶ問題なので，丁寧に分析していきましょう。

(1) 内皮細胞が存在しない変異株Xは，茎の重力屈性が起こりませんが，根の重力屈性は正常です。**内皮細胞は，茎の重力屈性には必要ですが，根の重力屈性には関係ない**ことが読み取れます。
⇒ ①～④について，④が正しいことが決まります。

(2) 変異株Yの茎の内皮細胞には細胞質糸がありません。このことが原因で，**アミロプラストが重力方向に沈降できない**ことが示されています。よって，アミロプラストが重力方向に沈降できないことが，変異株Yが茎の重力屈性を示せない原因と予想されます。

(3) 野生株，変異株X，変異株Yのいずれの細胞も，コルメラ細胞では液胞が発達していません。よって，**コルメラ細胞では，細胞質糸が形成できなくてもアミロプラストが重力方向に沈降できます**。その結果，変異株Yも正常な根の重力屈性を示せると考えられます。
⇒ 重力方向へのアミロプラストの沈降により重力方向を感知していると考えると与えられた情報に矛盾がないので，⑤が正しく，⑧は不適と考えられます。
⇒ 細胞質糸が重力を感知したり，細胞質糸内のアミロプラストが重力を感知したりするのであれば，細胞質糸をもたないコルメラ細胞は重力方向を感知できないことになります。実際には，どの個体でも正常に根の重力屈性を示しており，⑥と⑦は不適です。

類題にチャレンジ 46 問題 → 本冊 p. 178

ア－環形　　イ－節足　　ウ－痛点

解説 ヒルはミミズやゴカイなどと同じく**環形動物**に属します。カ(蚊)は昆虫なので，**節足動物**に属します。

類題にチャレンジ 47

問題 → 本冊 p. 180

3.7×10³ 匹

解説 標識再捕法を適用できる条件が揃っていることが示されているので，計算公式に代入すればOKです。全個体数をN(匹)とすると次式が成立します。

$$\frac{132}{N}=\frac{3}{84}$$

よって，$N=3696$となります。問題の指示に従い，有効数字2桁で解答しましょう。

類題にチャレンジ 48

問題 → 本冊 p. 182

④

解説 植物プランクトンが多く存在する海域では，植物プランクトンが動物プランクトンに捕食され，さらに動物プランクトンが魚に捕食され…と食物連鎖を上がっていくので，魚も多く存在し，一般には漁獲量が多くなります。

しかし，富栄養化により植物プランクトンが異常増殖し，赤潮が生じた状態になると，**質問50**で説明したような様々な理由によって魚が死んでしまいます。

アサリなどの二枚貝は有機物を含んだ海水を吸い込んで，吸い込んだ有機物をエサとして利用し，有機物の少なくなった海水を吐き出します。よって，富栄養化の状態を緩和するはたらきをもつので，赤潮の発生を抑制することができます。

類題にチャレンジ 49

問題 → 本冊 p. 185

問1 刺胞

問2 生態系サービス

問3 栄養塩類

問4 白化現象がみられた地域の種の多様性は大きく低下し，サンゴの分布はより水温の低い地域に移ると考えられる。(51字)

解説 問1 サンゴはヒドラ，イソギンチャクなどと同じく刺胞動物に属します。

問2 生態系から私たちが受ける恩恵を総称して生態系サービスといいます。具体的には，供給サービス(食料や木材の供給)，文化的サービス(森林浴や海水浴の場の提供)などがあります。

問３　サンゴは褐虫藻から光合成産物を受け取っています。一方，褐虫藻は光がしっかりと届く生活空間やサンゴによって取り込まれる栄養塩類を受け取っています。

問４　水温の上昇が原因となり白化現象がみられていることから，地球温暖化が続くとサンゴの分布は水温の低い地域へと移っていくと考えられます。また，**サンゴ礁は非常に種の多様性が高い地域**なので，**白化現象が起こった地域の種の多様性は大幅に低下する**と予想されます。

類題にチャレンジ 50　問題 → 本冊 p. 189

1　大規模かく乱が起きてサンゴが破壊されると，サンゴ礁に生息している多くの種が全滅し，多様性は小さくなる。中規模かく乱の場合，かく乱による全滅はあまり起こらず，競争的排除も起こりにくく，多様性が大きくなる。(101字)

2　②，⑥

解説　1　本問では大規模なかく乱と中規模なかく乱を比較して説明すればOKです。なお，かく乱がほとんど起こらない場合は，個体数の増加による生活空間などの資源不足が起きます。すると種間競争が激しくなり**競争的排除**によって多くの種が排除されるので，多様性が小さくなってしまいます。結果として，中規模なかく乱が起こることにより多様性が大きくなります。このような考え方が**中規模かく乱説**です。

2　**里山の雑木林では間伐などのかく乱を人為的に起こすことで多様性を維持しています。**また，台風などによるかく乱で**極相林**に**ギャップ**が生じると，そこに陽樹が生育できる場合があり，多様性が増します。

MEMO

MEMO

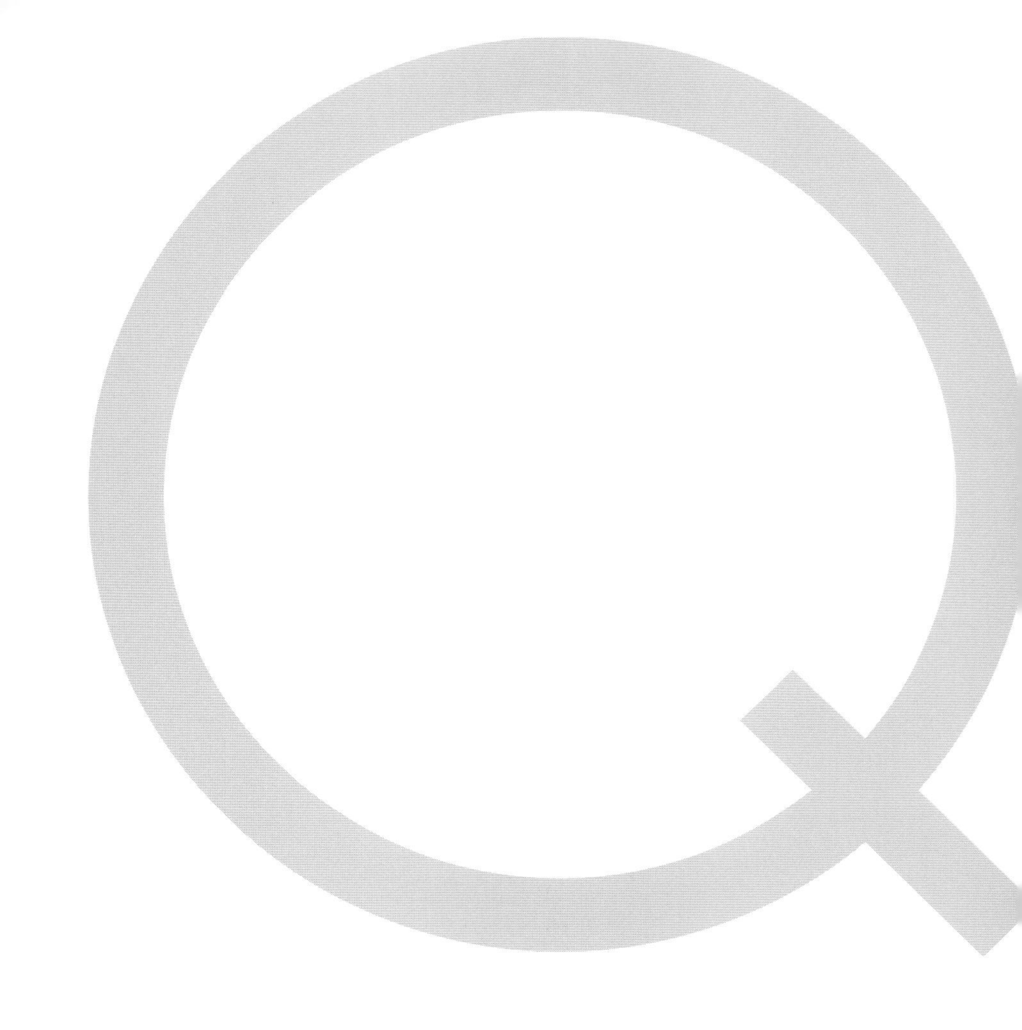

Obunsha